COLLECTION DIRIGÉE PAR JACQUES CLAUDE ET FRANÇOIS PAYEN

DES PLASTIQUES TECHNIQUES

René PRIMET
Ancien responsable du Centre lyonnais
des Plastiques Techniques

RHONE-POULENC / TECHNO NATHAN

SOMMAIRE

AVANT-PROPOS	8
Matières plastiques	8
Historique	9
Les matières plastiques	
les plastiques techniques	10
Les matières plastiques en général	10
Les plastiques techniques	11
DES POLYMÈRES DE BASE AUX PLASTIQUES TECHNIQUES	14
D'où viennent les plastiques techniques?	14
Les polymères de base,	
nature, constitution	16
Polyaddition, polycondensation, les macromolécules	16
Fabrication des polymères de base des principaux plastiques techniques	18
Les polyamides (PA)	18
Les polycarbonates (PC)	20
Le polyoxyde de phénylène (PPO)	21
Les polyacétals (POM)	23
Les polyesters saturés (PET-PBT)	24
Préparation des plastiques techniques	25
Fonctions de l'extrudeuse	25
Le refroidissement	25
La coupe	25
Tamisage, séchage, refroidissement	27
Stockage, ensachage	27

NOTE AU LECTEUR

Il n'est pas aujourd'hui d'industrie qui ne doive s'ouvrir aux progrès toujours croissants de la technologie. Cela signifie l'appréhension, la connaissance de nouvelles techniques. Mais aussi la nécessité de former les hommes à ce nouveau savoir-faire.

La collection Techno-Nathan s'est donc donné un double objectif. D'abord recenser et expliquer les techniques de pointe dans des secteurs aussi divers que la mécanique, l'énergie, l'hydraulique, les automatismes, la pneumatique, la productique — pour ne citer que ceux-là — et montrer, parmi les produits proposés, ceux qui sont les plus performants, les plus prometteurs de productivité et d'efficacité. Transmettre ensuite aux hommes de métier les nouvelles clés de la réussite.

Techno-Nathan a voulu, pour illustrer ces diverses formes de recherche, des ouvrages clairs, précis, bien documentés, tout en couleur. Des ouvrages résolument modernes.

PROPRIÉTÉS DES PLASTIQUES TECHNIQUES — 28

Propriétés principales des polymères de base — 28
Propriétés physiques, constitution — 28
Propriétés thermiques — 32
Propriétés mécaniques — 33
Propriétés diélectriques — 34
Aptitude à la transformation — 34
Inertie chimique — 34
Amélioration des propriétés des polymères de base — 36
Amélioration des propriétés mécaniques — 36
Amélioration des autres propriétés — 47

LA TRANSFORMATION DES PLASTIQUES TECHNIQUES — 56

Le moulage par injection — 56
Présentation générale — 56
Le « cycle » — 57
La conception des moules et des pièces — 57
Le moulage par injection bi-matière — 60
Injection-moulage par noyaux fusibles — 61
Transformation par extrusion — 61
Principe — 61
Application — 61
Assemblage des plastiques techniques — 63
Assemblage mécanique — 63
Soudage — 63
Collage — 63
Autres systèmes d'assemblage — 63

LES APPLICATIONS DES PLASTIQUES TECHNIQUES — 64

Marchés :
Électrique - électronique - électrotechnique — 65
Automobile (sous capot) — 66
Automobile (habitacle, extérieur) — 67
Transports — 69
Industries — 70
Électroménager — 71
Loisirs — 72
Divers — 73

PERSPECTIVES — 74

La demande — 74
Ses origines — 74
Sa nature — 74
La réponse des plastiques techniques — 74
Les atouts des matériaux — 74
Les facteurs positifs d'accompagnement — 75

BIBLIOGRAPHIE — 76

ABRÉVIATIONS — 77

AVANT-PROPOS

MATIÈRES PLASTIQUES

Aujourd'hui, parler de « matières plastiques » est devenu banal, alors que l'usage de ces termes est relativement récent. C'est en effet après la Seconde Guerre mondiale que les matières plastiques ont pris leur essor.

Dans les années 1950 à 1970, leurs multiples applications ont envahi la vie courante comme le monde industriel.

Leur développement rapide est apparu alors un peu désordonné. C'est pourtant grâce à cela que ces nouveaux matériaux, pour la plupart créés par l'homme, ont pu être étudiés en profondeur.

La meilleure connaissance de leur nature et de leurs propriétés jointe à la maîtrise progressivement acquise de leurs procédés de fabrication et de transformation a instauré la confiance. C'est ainsi qu'en 1969, avec les astronautes américains, les matières plastiques ont « marché et travaillé sur la Lune ».

Aujourd'hui, il existe un très grand nombre de matières plastiques ; cet ouvrage se propose d'en présenter une catégorie seulement : la famille des **plastiques techniques.**

Ce sont des **thermoplastiques** que regroupent certaines caractéristiques :
- facilité de mise en œuvre,
- bonnes propriétés mécaniques et diélectriques,
- ratio « propriétés/densité » très avantageux,
- inertie chimique, absence de corrosion,
- bonne conservation des propriétés en température et en fonction du temps.

La combinaison de ces caractéristiques a permis à ces plastiques techniques, non seulement d'avoir accès à des applications jusque-là réservées aux seuls métaux mais, de plus, d'ouvrir largement de nouvelles perspectives aux concepteurs dans des domaines de haute technologie tels que : l'informatique, l'aéronautique, l'avionique, les transports à grande vitesse, etc.

> ### Thermoplastique
>
> Matière solide à la température ordinaire, qui devient pâteuse sous l'effet de la température et qui reprend sa rigidité lors du refroidissement. Le phénomène est réversible (voir chapitre : Propriétés des polymères de base).

HISTORIQUE

Très tôt, l'homme a éprouvé la nécessité d'agir sur la matière pour s'en servir. Au début, il disposait seulement de ses mains et de son esprit d'observation ; d'où l'utilisation d'objets naturels que les caprices de la nature avaient dotés des formes recherchées : branches fourchues comme supports divers, pierres pouvant servir de masses d'arme ou simplement d'outils.

Les nombreux silex taillés découverts sur les sites préhistoriques montrent que nos ancêtres du Paléolithique savaient utiliser les plans de clivage des roches pour en faire des outils de taille.

Ces mêmes outils ont permis à leur tour la réalisation de nouveaux objets aux formes plus complexes ainsi que la satisfaction de nouveaux besoins sans cesse croissants.

Des instruments de pêche, de chasse, réalisés avec plusieurs matériaux (manche de bois, harpon et pointe en silex ou en os, tête de frappe en pierre) des récipients obtenus par modelage et cuisson de la terre (technique que l'on peut considérer avec le textile comme la première activité industrielle de l'homme) vont sensiblement améliorer les conditions alimentaires.

Dans le même temps, la confection de bijoux, la sculpture d'objets cultuels, les gravures rupestres, les bas-reliefs témoignent des besoins culturels et spirituels de la population. Ainsi, au cours de l'histoire, les découvertes de nouveaux matériaux et de

Mérou « immortalisé » grâce à un moulage plastique.

nouvelles techniques de mise en œuvre ont-elles apporté, étape par étape, les solutions nécessaires à la création de nouvelles formes et donc de nouvelles fonctions.

Certains matériaux de base ont même laissé leur nom à ces étapes. Ainsi l'âge de la pierre taillée et polie, l'âge du cuivre, l'âge du bronze, l'âge du fer jalonnent l'histoire de l'évolution de l'homme. Mais le foisonnement des découvertes de ces derniers siècles ne permet pas de déterminer facilement le matériau caractéristique de notre époque.

Cependant, en 1845, la découverte de la nitrocellulose — précurseur du Celluloïd — par Schönbein, donne naissance à une grande famille qui, depuis, n'a cessé et ne cesse de croître : celle des matières plastiques synthétiques ; celle qui pourra peut-être un jour faire dire de notre fin de millénaire qu'il fut « l'âge du plastique ».

LES MATIERES PLASTIQUES LES PLASTIQUES TECHNIQUES

Les matières plastiques en général

> **Matières plastiques**
>
> Cette dénomination est réservée au matériaux de la chimie organique à base d'atomes : C/H/N/O/ essentiellement.
>
> (Les métaux ne sont pas des matières plastiques. Et pourtant, ils peuvent aussi sous l'effet de la chaleur et d'une force devenir pâteux, malléables, prendre et conserver une forme nouvelle).

On donne généralement de la matière plastique la définition suivante : matière qui se déforme sous l'effet d'une force extérieure et qui garde la forme nouvelle lorsque cesse la contrainte. L'effet de la température est quelquefois nécessaire comme complément à la force.

Il faut distinguer les matières plastiques naturelles, articifielles ou semi-artificielles et synthétiques.

Matières plastiques naturelles

Elles sont nombreuses : glaise, asphalte, corne, écaille, etc. Les deux premières sont même connues depuis l'Antiquité (les Égyptiens utilisaient l'asphalte comme liant dans les compositions à base d'argile).

Matières plastiques artificielles et semi-artificielles

Elles sont obtenues par traitement d'une matière naturelle. Exemple :

cellulose + acide nitrique
(linters de coton) plastifiant → Celluloïd

cellulose + acétylation → acétate
(bois) de cellulose

latex naturel + vulcanisation → caoutchouc

Matières plastiques synthétiques

Elles sont entièrement créées à partir de produits chimiques simples. Le processus général se résume ainsi :

. préparation des réactifs de base à partir de pétrole, charbon... par distillation, craquage, greffage, synthèses chimiques, etc. ;

. préparation des polymères : composés organiques à longues chaînes moléculaires ;
. formation des matières plastiques par incorporation éventuelle d'additifs qui donneront aux polymères des propriétés nouvelles recherchées.
La matière est alors prête à la mise en forme.

Les plastiques techniques

Certaines matières plastiques sont connues du grand public, soit sous leur nom générique, soit sous des noms de marques déposées qui se sont banalisés au cours du temps : polyéthylène, PVC, Nylon, Tergal, Formica, Cellophane, Celluloïd, etc.

Les plastiques ont remplacé des matériaux traditionnels pour la confection d'objets courants tels que les ustensiles ménagers, emballages, revêtements de sol, engrenages, matériels électriques, etc.

Mais leurs propriétés spécifiques les rendent plus ou moins aptes à certaines applications. Ainsi, lorsque des exigences particulières sont requises (stabilité dimensionnelle, maintien des propriétés à des températures élevées, performances proches de celles des métaux) seules quelques-unes sont capables de répondre : ce sont les **plastiques techniques.**

Il y a encore peu de temps, cette catégorie ne comprenait que cinq éléments : les cinq grands ou Big Five).

Dans les années 1970/1980, de nouveaux produits sont apparus, soit des polymères purs : polyetherethercetones (PEEK), polysulfure de phenylène (PPS), etc., soit des alliages (polycarbonates/polyesters).

Même si ces nouveaux produits cherchent actuellement leur voie, il ne fait aucun doute qu'ils ouvriront largement le champ des applications des plastiques techniques.

Cependant, cet ouvrage n'est pas un traité sur les plastiques techniques ; il se propose simplement de mieux les faire connaître à travers les cinq leaders.

Contacteur électrique constitué essentiellement de polyamide (PA).

Pignons en polyoxyméthylène (POM).

Les cinq grands plastiques techniques *(Big Five)*

Noms	Abréviations
Polyamides	P.A.
Polycarbonates	P.C.
Polyoxyméthylène	P.O.M.
Polyoxyde de phénylène	P.P.O.
Polyesters saturés	{ PBT* { PET**

* PBT : Polytéréphtalate de butylène

** PET : Polytéréphtalate d'éthylène

Dans la suite de l'ouvrage, les plastiques techniques seront le plus souvent désignés par des abréviations du type de celles ci-dessus. Ces abréviations sont répertoriées dans la liste de la page 77.

Les marchés des plastiques techniques
(estimation hors applications
textiles et bouteilles)
(en 1 000 T)

Marché mondial 1988

Tous plastiques : 80 000

Plastiques techniques : 1 700

Plastiques techniques	CEE	USA	Japon
PA	350	220	130
PC	130	190	80
POM	100	60	90
PPO modifié	40	80	50
PBT + PET	40	70	60

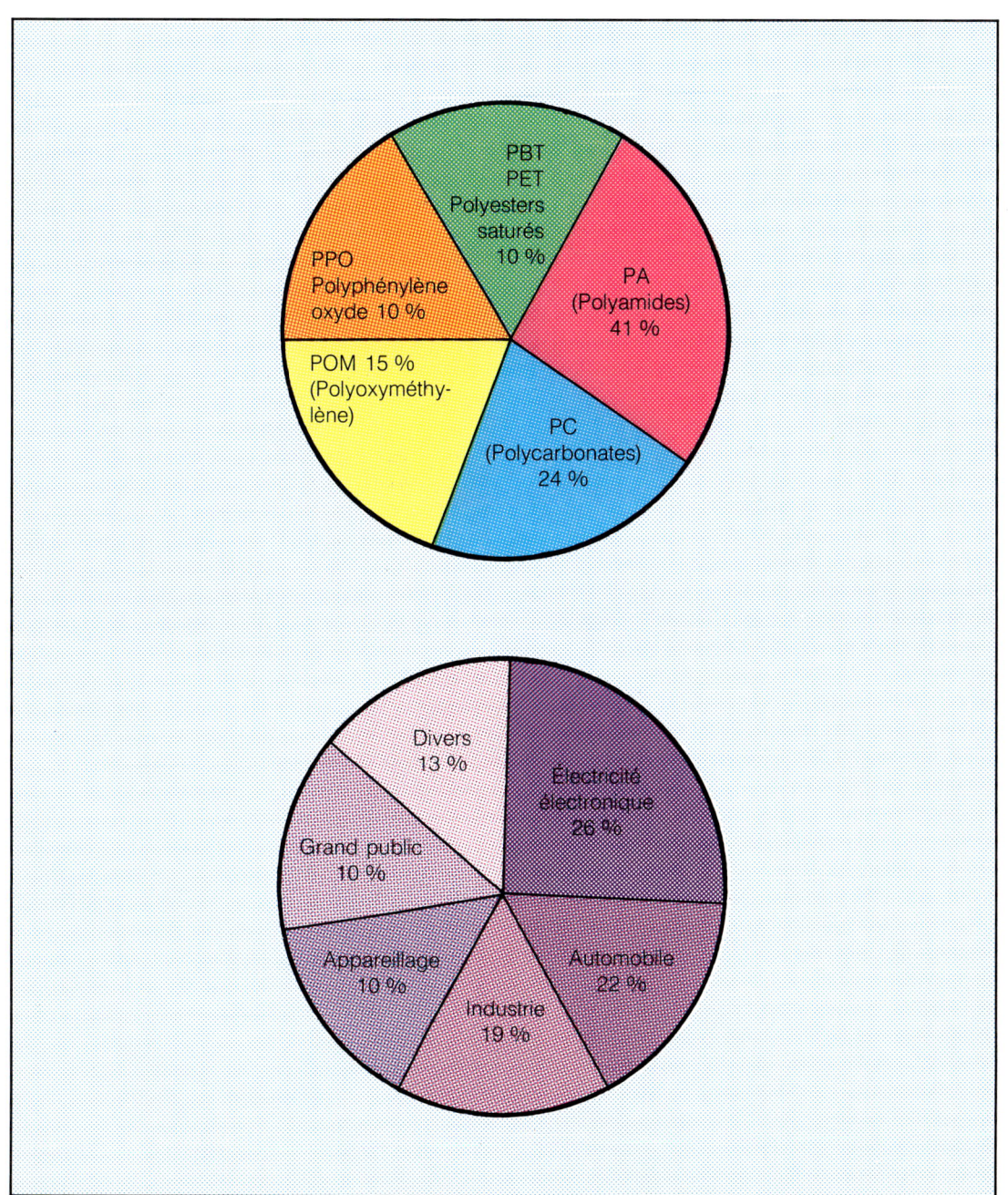

DES POLYMERES DE BASE AUX PLASTIQUES TECHNIQUES

D'où viennent les plastiques techniques?

Le schéma ci-contre montre les différentes étapes de la chaîne des plastiques techniques, de leurs origines jusqu'à leurs applications.

De la matière vivante (ricin par exemple) mais surtout des matières fossilisées (charbon, pétrole, gaz naturel), la chimie extrait, transforme, craque, synthétise les molécules élémentaires, points de départ des fabrications des plastiques techniques. Par polycondensation ou polyaddition, ces molécules donneront les molécules géantes (macromolécules) des polymères de base. Ces derniers ont déjà des propriétés générales acceptables pour certaines applications techniques.

Mais ce n'est qu'après de savantes combinaisons avec d'autres matériaux et par l'apport d'additifs spéciaux qui amplifieront certaines propriétés, que les polymères techniques deviendront des plastiques techniques industriels.

Le ricin, une des matières premières à l'origine des polyamides.

La chaîne de génération des plastiques techniques

Matériaux de base	Craquage Synthèse Réactions chimiques	Poly-condensation Polyaddition	Mélange Additions de renforts	Trans-formation	Utilisation
• Matières vivantes • Matières fossilisées — charbon — pétrole — gaz naturel • Matières minérales	Molécules de base →	Macro-molécules →	Plastiques Techniques →	Pièces Objets →	• Automobiles • Transports • Électricité • Électronique • Électroménager • Loisirs • Etc

Les polymères de base : exemples de réactions chimiques

1. POLYAMIDES

$$(n)\ HO-\underset{O}{\underset{\|}{C}}-(CH_2)_4-\underset{O}{\underset{\|}{C}}-NH-(CH_2)_6-NH_2 \xrightarrow{\text{POLYCONDENSATION}} H-[HN-(CH_2)_6-NH-\underset{O}{\underset{\|}{C}}-(CH_2)_4-\underset{O}{\underset{\|}{C}}]_{(n)}-OH +\ _{(n)}H_2O$$

Adépate d'hexaméthylène diamine ⟶ NYLON 66 + eau

2. POLYCARBONATE

$$(n)\left[NaO-\varphi-\underset{CH_3}{\overset{CH_3}{\underset{|}{\overset{|}{C}}}}-\varphi-ONa\right] + (n)\ COCl_2 \xrightarrow{\text{POLYCONDENSATION}} H-\left[O-\varphi-\underset{CH_3}{\overset{CH_3}{\underset{|}{\overset{|}{C}}}}-\varphi-\overset{}{O}-\underset{O}{\underset{\|}{C}}\right]-OH + 2nNaCl$$

Sel de sodium du Biphénol A + Phosgène ⟶ Polycarbonate + Chlorure de sodium

3. POLYOXYDE DE PHÉNYLÈNE

$$(n)\ \underset{CH_3}{\overset{CH_3}{\varphi}}-OH + (n/2)O_2 \xrightarrow{\text{POLYMÉRISATION}} H-\left[\underset{CH_3}{\overset{CH_3}{\varphi}}-O\right]_{(n)}-H + (n)\ H_2O$$

2,6-diméthyl-phénol + oxygène ⟶ Polyoxyde de phénylène + eau

4. POLYOXYDE DE MÉTHYLÈNE

$$(n)\ CH_2O + R-OH \xrightarrow{\text{POLYMÉRISATION}} R-[O-CH_2]_n OH$$

Formaldéhyde + Limiteur de chaîne ⟶ Polyoxyde de méthylène

5. POLYÉTHYLÈNE TÉRÉPHTALATE

$$(n)\ HO-\underset{O}{\underset{\|}{C}}-\varphi-\underset{O}{\underset{\|}{C}}-OH + HO-(CH_2)_2-OH \xrightarrow{\text{ESTÉRIFICATION DIRECTE}} HO-\left[\underset{O}{\underset{\|}{C}}-\varphi-\underset{O}{\underset{\|}{C}}-O-(CH_2)_2-O\right]_{(n)}-H + (n)\ H_2O$$

Acide Téréphtalique + Glycol ⟶ PET + eau

> Au cours de ces cinquante dernières années, la *chimie macromoléculaire* s'est développée. La terminologie s'est précisée. Toutefois les mêmes termes n'ont pas rigoureusement la même signification dans plusieurs langues. Ainsi le terme de « **polymérisation** » est en principe réservé à la réaction chimique par laquelle un monomère réagit sur lui-même en donnant une macromolécule sans élimination d'autres molécules simples. Ce terme est cependant très souvent utilisé pour toute réaction conduisant à une macromolécule **avec** ou **sans** élimination de molécules simples.

LES POLYMÈRES DE BASE NATURE-CONSTITUTION

Molécules de base

Elles sont formées essentiellement de C/H/O/N (carbone/hydrogène/oxygène/azote) et quelquefois de S/Cl. (soufre/chlore).

Ces molécules sont des composés relativement simples : leur ossature est une chaîne carbonée linéaire ou cyclique de 4 à 15 carbones environ ; elles contiennent toutes des groupements fonctionnels qui, dans des conditions précises de température, pression, en milieu solvant et en présence de catalyseurs, permettront la réaction chimique qui conduira aux polymères.

Par exemple :
. l'acide adipique et l'hexamétylènediamine, après polycondensation, donneront le polyamide 66 (Nylon),
. le formaldéhyde gazeux à la température ordinaire donnera, par polyaddition, le polyacétal,
. l'acide téréphtalique et l'éthylène glycol donneront le polytéréphtalate d'éthylène (PET), polyester saturé.

Polyaddition
Polycondensation
Les macromolécules

Les macromolécules :

Dans des conditions bien déterminées de température et de pression, en présence de catalyseurs et de solvants, les molécules de base s'enchaînent les unes aux autres pour donner des molécules géantes. C'est Hermann Staudinger, prix Nobel de chimie en 1953, qui démontra l'existence d'enchaînements atomiques formés de dizaines de milliers d'atomes. Dès 1922, il proposa de donner le nom de « macromolécules » à ces enchaînements. Depuis, la « chimie macromoléculaire » s'est considérablement développée et a provoqué l'éclosion de nombreux polymères.

Les réactions chimiques qui conduisent aux macromolécules, bases des plastiques techniques, sont de deux sortes :

La polycondensation :

Les molécules de base présentent des groupements fonctionnels réactifs différents qui réagissent progressivement les uns sur les autres avec élimination d'un corps chimique simple (eau par exemple) ; les molécules s'accrochent les unes aux autres à la manière d'une farandole (la macromolécule) dans laquelle chaque individu (la molécule du réactif) « donne la main » à son voisin.
Ex. : PA (polyamide)-PET polytéréphtalate d'éthylène-PC (polycarbonate) sont des polycondensats.

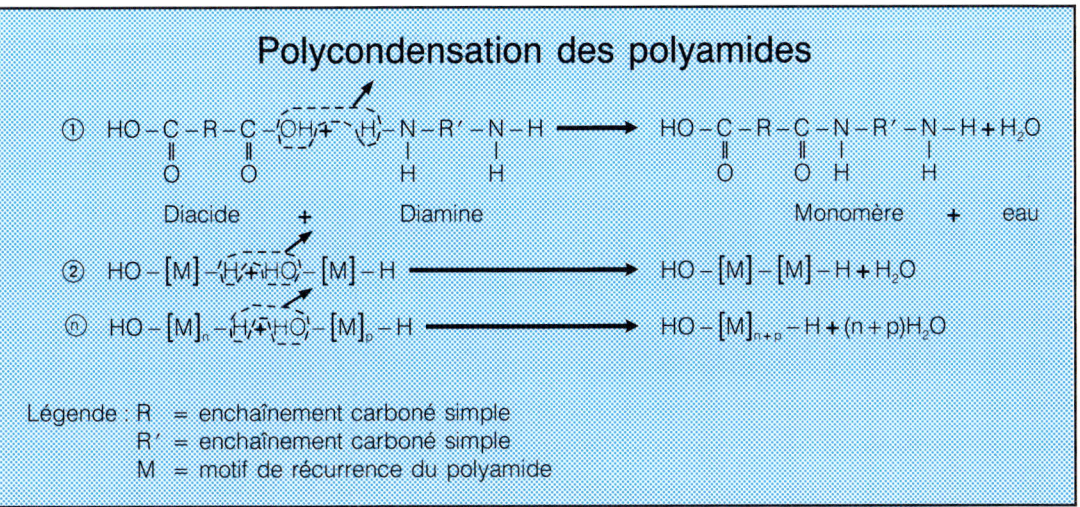

La polyaddition :

Les réactifs ne possèdent pas de groupements fonctionnels ayant de l'affinité les uns pour les autres. La réaction d'addition se produit après création de centres réactifs dans les molécules. Ainsi la préparation de polyformaldéhyde (polyacétal) fait appel à des réactions de **type anionique** complexes.

C'est également une réaction complexe de **type radicalaire** avec oxydation en présence de catalyseurs appropriés qui conduit des phénols substitués au polyoxyde de phénylène (PPO).

Cas particulier : l'obtention du polyamide, peut être faite :
. à partir de l'ε caprolactame par polycondensation en solution aqueuse ; la molécule intermédiaire est alors l'acide ε aminocaproïque ;
. par polymérisation anionique directe à partir du lactame ; dans certaines conditions et à température suffisamment élevée un dimère peut se former qui permet d'amorcer la polymérisation de type anionique.

Ces réactions complexes ne cessent d'être étudiées. La maîtrise de leurs mécanismes permet non seulement d'améliorer les produits existants et les rendements des procédés, mais aussi de créer de nouvelles molécules « plus techniques » (de meilleure tenue à la température, par exemple). Les nombreux produits apparus ces dernières années montrent le bien-fondé de cette recherche.

Le tableau (page 15) récapitule, pour les cinq plastiques techniques leaders, les formules de base et le type de polymérisation et donne les motifs chimiques de récurrence des polymères. Il s'agit dans tous les cas de polymères « homopolymères » dont les macromolécules sont des enchaînements de motifs structuraux identiques.

Mais on trouve également à la base de certains plastiques des « copolymères ». Ils sont obtenus par polycondensation de mélanges de monomères. Par exemple le mélange de caprolactame et d'adipate d'hexaméthylène diamine conduit au copolyamide 66/6.

Enchaînement possible d'un copolyamide 66/6

$$-HN-(CH_2)_6-NH-\underset{O}{\overset{\parallel}{C}}-(CH_2)_4-\underset{O}{\overset{\parallel}{C}}-NH-(CH_2)_5-\underset{O}{\overset{\parallel}{C}}-$$

FABRICATION DES POLYMÈRES DE BASE DES PRINCIPAUX PLASTIQUES TECHNIQUES

La fabrication des polymères de base des plastiques techniques est faite selon des procédés industriels originaux que l'on ne connaît souvent qu'à travers la lecture des brevets.

D'apparences quelquefois complexes, les installations sont conçues pour des fonctionnements en continu (d'où certaines contraintes) et selon les principes éprouvés du génie chimique. Par exemple, l'eau est très souvent employée comme « véhicule » bon marché des réactifs chimiques, bien que sa nécessaire élimination en fin de procédé complique et alourdisse les installations.

Chacun des cinq grands plastiques techniques présente des particularités de fabrication.

Les polyamides (PA)

La polycondensation des PA est faite à partir des réactifs en solution dans l'eau. La montée en température, rigoureusement contrôlée par une régulation de la pression, permet de suivre la réaction et d'atteindre les masses moléculaires souhaitées.

L'ajustement de la masse moléculaire moyenne du polymère est relativement facile à obtenir soit par addition d'un **limiteur de chaînes** monofonctionnel (monoacide en général), soit par écart avec la stœchiométrie. Ces deux possibilités sont utilisées pour les viscosités normales et basses. Lorsque l'on veut obtenir de fortes viscosités, la dernière phase de la polycondensation est faite sous vide ce qui per-

---

Action des limiteurs de chaînes

C'est un réactif monofonctionnel ajouté aux réactifs avant la polycondensation $A-\underset{O}{\overset{\parallel}{C}}-OH$, monoacide pour les PA par exemple.

Son engagement dans une chaîne en formation, par réaction de sa fonction acide sur une fonction amine, bloquera la croissance de cette chaîne dans une des deux directions :

$$A-\underset{O}{\overset{\parallel}{C}}-\overline{OH\,|\,H}-[M]_n-OH \rightarrow H_2O + A-\underset{O}{\overset{\parallel}{C}}-[M]_n-OH$$

Développement bloqué dans cette direction : ←

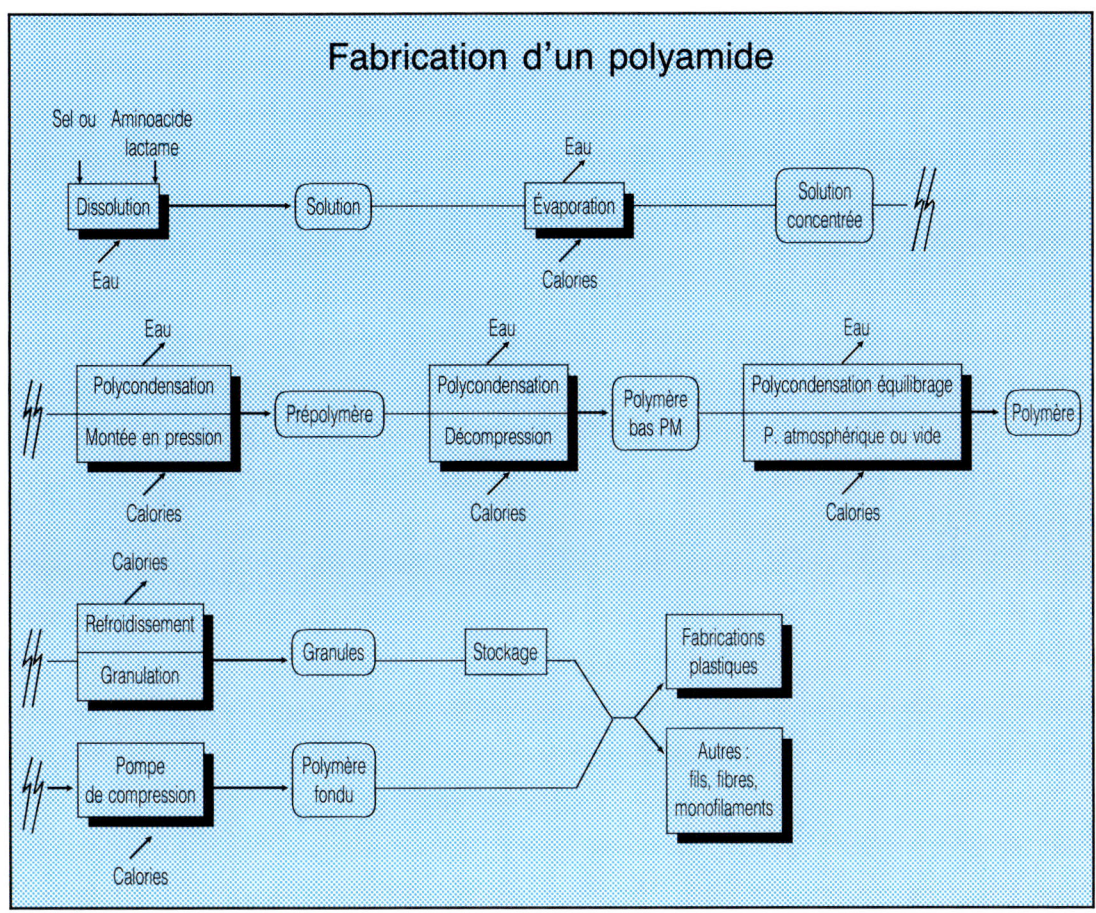

met d'éliminer l'eau de réaction du milieu visqueux et de déplacer l'équilibre vers les hautes masses. Si on veut aller encore plus loin (très hautes viscosités) on **post-condense** le polymère sous l'effet combiné de la température et du vide, soit en phase liquide soit en phase solide sur granulés.

. L'ε caprolactame, amide cyclique dont la polyaddition conduit au PA 6, doit être pour cela « ouvert » et « activé ». La polycondensation peut être obtenue par une hydrolyse préalable qui reconstitue la molécule bifonctionnelle : acide aminocaproïque.

. Les copolymères sont obtenus simplement par mélange en proportions adéquates des réactifs de base, par exemple en solution aqueuse.

Les polycarbonates (PC)

Les anciens procédés de polycondensation en solution et par trans-estérification en phase fondue ne sont plus intéressants. Le procédé le plus courant de nos jours est basé sur la **polymérisation interfaciale**.

Les réactifs de base (bisphénol A et phosgène) sont introduits dans deux solvants différents non miscibles. La réaction se produit à l'interface des deux solutions. Les phénomènes sont en réalité un peu plus complexes et se passent en deux temps :

- formation de prépolymères de très faible poids moléculaire dès la mise en contact,
- polycondensation pour atteindre de hauts poids moléculaires grâce à un catalyseur tel qu'une amine tertiaire par exemple (triéthanolamine). Le polymère se retrouve dans la phase solvant organique dont il faudra le débarrasser.

Ce procédé est très souple et permet la maîtrise des masses moléculaires si l'on ajoute des quantités dosées de phénols monofonctionnels comme limiteur de chaînes (buthylphénol).

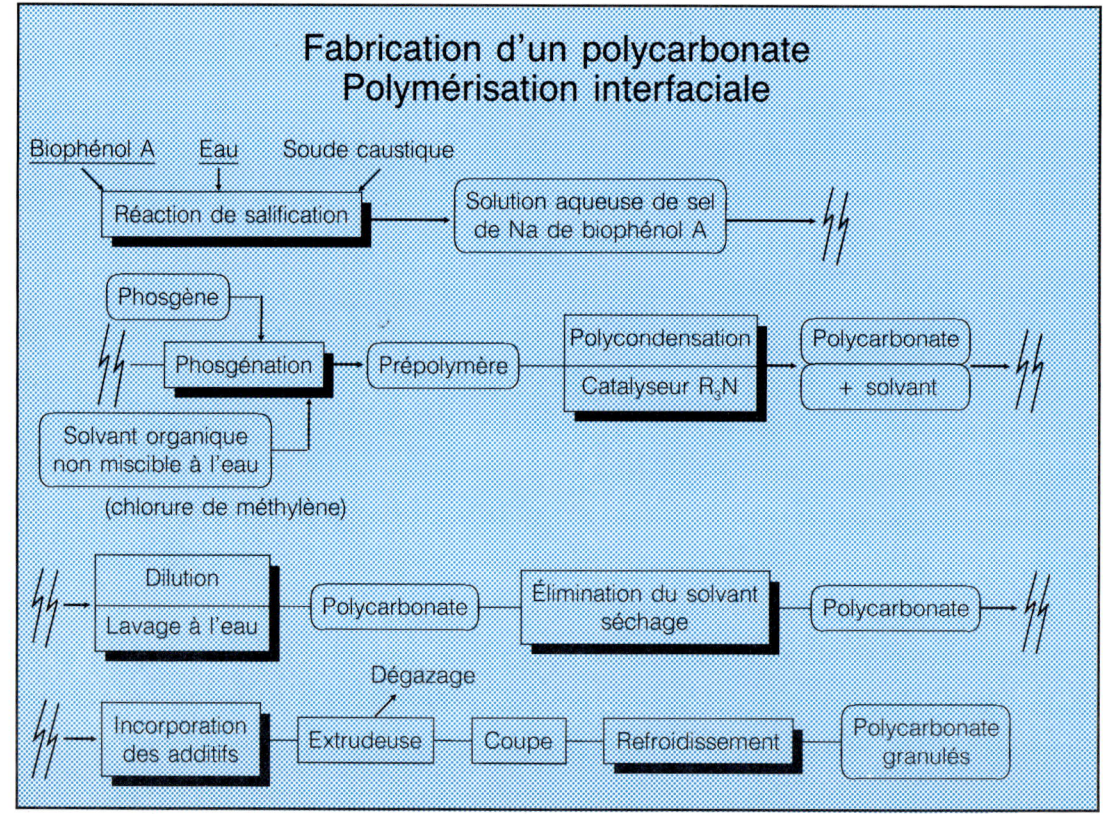

Le polyoxyde de phénylène (PPO)

La fabrication du polyoxyde de phénylène est basée sur la réaction appelée **couplage oxydant,** réalisée par action directe de l'oxygène sur un phénol.

On utilise le plus souvent le 2,6-diméthylphénol. Ce réactif est le résultat de la méthylation du phénol au moyen de vapeurs surchauffées de méthanol en présence d'un catalyseur (oxyde de magnésium).

$$\langle\varphi\rangle\text{-OH} + 2CH_3OH \xrightarrow{MgO} \langle\varphi\rangle\begin{smallmatrix}CH_3\\\\CH_3\end{smallmatrix}\text{-OH} + 2H_2O$$

La réaction a lieu à température élevée (480 °C). Après refroidissement et décantation pour éliminer une grande partie de l'eau, le mélange est additionné de toluène qui permettra d'extraire le phénol obtenu, à partir de la phase aqueuse.

Le 2,6-diméthylphénol est purifié par distillation puis envoyé dans le réacteur de polymérisation.

La réaction est faite sous très forte agitation par insufflation directe de l'oxygène dans le mélange : **phénol + catalyseur** (soit organique tel qu'une amine aliphatique, soit minéral tel que les sels de Cu, Mn, ou Co) en présence de **toluène.**

La réaction est exothermique et le réacteur doit être refroidi par circulation d'eau. Après séparation du solvant et des catalyseurs, le polymère est séché puis stocké.

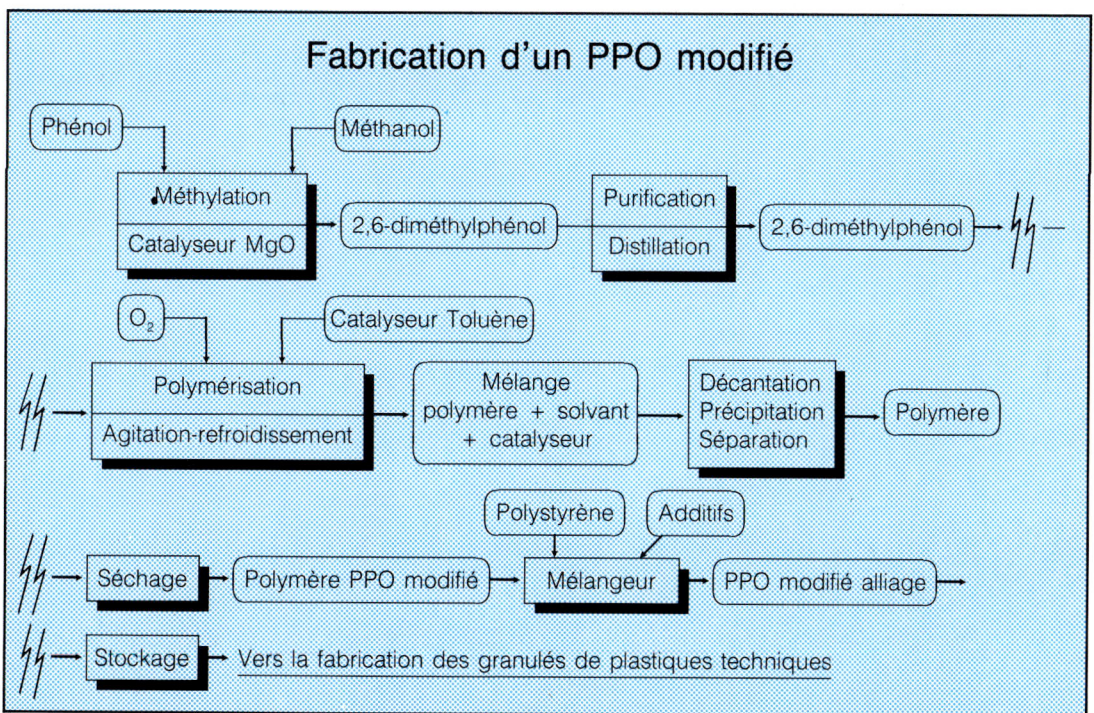

Polymérisation du formaldéhyde : mécanismes réactionnel avec initiateur cationique

1. Initiation

$$R-COOH + CH_2O \rightarrow R-\overset{O}{\underset{\|}{C}}-O^- \ldots \overset{+}{C}H_2OH$$

2. Propagation

$$R-\overset{O}{\underset{\|}{C}}-O^- \ldots \overset{+}{C}H_2OH + CH_2=O \rightarrow R-\overset{-}{C}\underset{O--CH_2=O}{\overset{O-------\overset{+}{C}H_2OH}{\diagup}} \rightarrow R-\overset{O}{\underset{\|}{C}}-O^- \ldots \overset{+}{C}H_2OCH_2OH$$

3. Transfert

$$R-\overset{O}{\underset{\|}{C}}-O^- \ldots \overset{+}{C}H_2(CH_2O)_nOH + H-O-R' \rightarrow R-\overset{-}{C}\underset{O----H-O}{\overset{O-------\overset{+}{C}H_2(CH_2O)_nOH}{\diagup}} \rightarrow$$
$$ R'$$

$$R'OCH_2(CH_2O)_nOH + R-COOH$$

Polymérisation du formaldéhyde : action du limiteur de chaîne acide acétique/méthanol

1. $CH_3COOH + CH_3OH \rightarrow CH_3COOCH_3 + H_2O$

2. $R-\overset{O}{\underset{\|}{C}}-O^- \ldots \overset{+}{C}H_2(CH_2O)_nOH + CH_3COOCH_3 \rightarrow \underline{CH_3OCH_2(CH_2O)_nOH} + CH_3-\overset{O}{\underset{\|}{C}}-O-\overset{O}{\underset{\|}{C}}-R$

L'extrémité de chaîne est bloquée par un chaînon méthyl.

NB : les PPO et PPO modifiés sont généralement utilisés en alliage avec le polystyrène choc et d'autres additifs. Cet alliage sert de polymère de base pour la fabrication des granulés. La fabrication de l'alliage et de la formule finale sont souvent réalisés en même temps.

Les polyacétals (POM)

La fabrication des polyacétals est faite à partir de formaldéhyde, soit sous sa forme simple (il est gazeux), soit sous sa forme trimère, appelée TRIOXANNE (il est solide).

```
                        O
               H₂—C⟨   ⟩C—H₂
                   O   O
                    \ /
                     C
                     |
                     H₂
H—C—H              Trioxanne
  ‖
  O
Formaldéhyde
```

Dans les deux cas, la polymérisation est de type « **ionique** » et le mécanisme se décompose en trois stades : initiation, propagation, transfert.

Afin de mieux contrôler la réaction, on utilise un initiateur qui peut être anionique ou cationique. De même, la maîtrise du degré de polymérisation, et donc de la masse moléculaire, est obtenue par introduction d'un limiteur de chaîne que l'on dose en fonction du produit à obtenir.

Suivant le choix du produit de départ (formaldéhyde ou trioxanne), le choix du catalyseur, la capacité de l'unité de fabrication à installer, le procédé pourra être différent : suspension aqueuse, suspension en solvant organique et eau, suspension en solvant organique anhydre, phase solide.

A titre d'exemple, le principe de polymérisation du formaldéhyde gaz est schématisé ci-après : le gaz d'une part, et le catalyseur en suspension dans le système solvant d'autre part, sont injectés de façon contrôlée dans un réacteur agité.

Après précipitation du polymère, stabilisation par acétylation puis séparation des catalyseurs et des solvants, le polyacétal est lavé puis séché avant stockage.

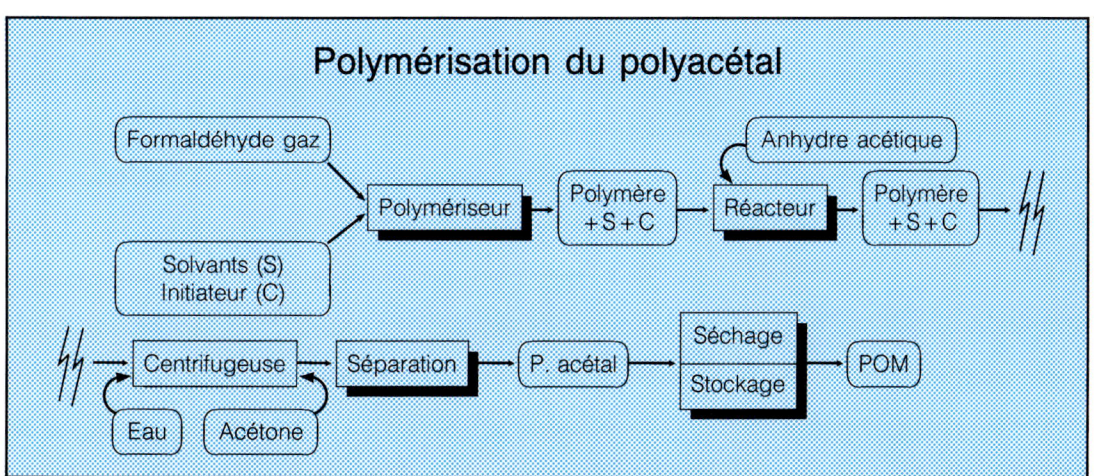

Polymérisation du polyacétal

Les polyesters saturés (PET-PBT)

Deux procédés sont possibles pour la fabrication des PET et PBT :

. L'estérification directe, dans laquelle l'acide téréphtalique et le diol sont mis en réaction en présence d'un catalyseur ; la température et la pression sont soigneusement contrôlées afin d'éviter la formation d'oligomères gênants et la distillation de réactifs non engagés.

. Le procédé partant du téréphtalate de diméthyle (diester méthylique) en deux phases

a. Transestérification :
diester méthylique + diol → diesterdiolique + méthanol

b. Diesterdiolique → polyester + diol en excès

Ces deux réactions sont conduites dans des appareils différents en présence de catalyseurs : sels organiques de titane ou d'étain et trioxyde d'antimoine pour la réaction (a), organotitanates pour la réaction (b).

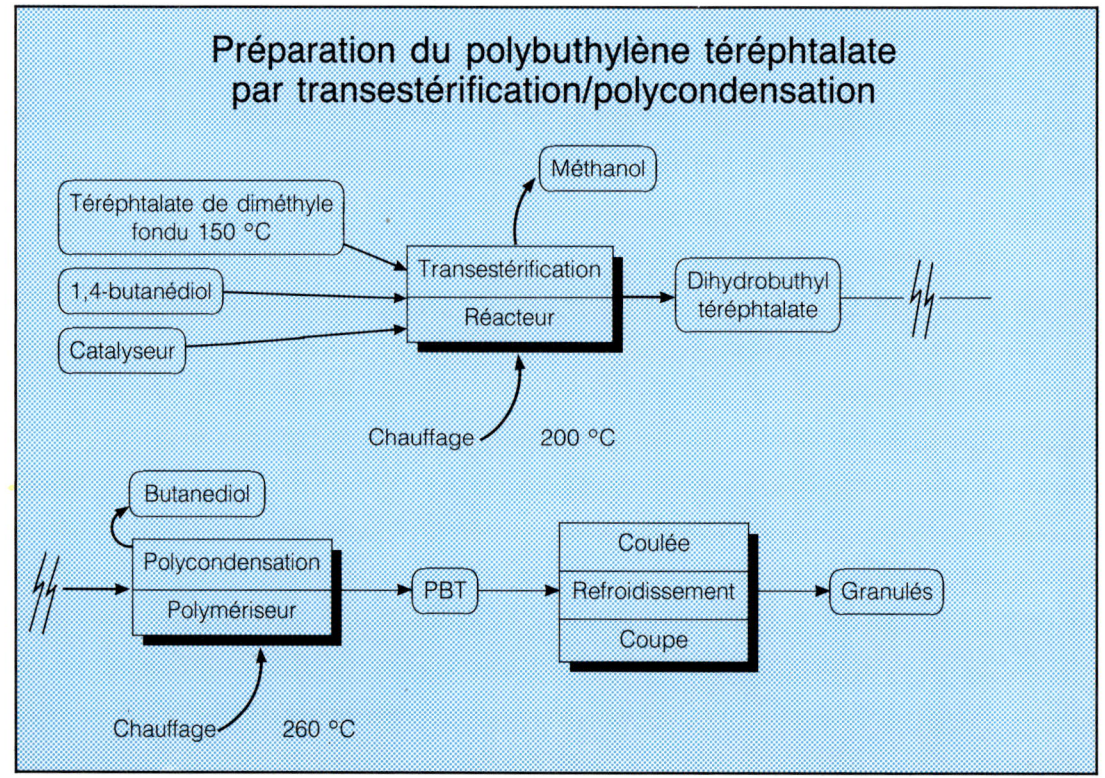

PRÉPARATION DES PLASTIQUES TECHNIQUES

La fabrication des plastiques techniques est l'opération qui consiste à incorporer aux polymères de base tous les additifs et renforts nécessaires et à les présenter sous forme de granulés prêts à l'emploi en emballage étanche à l'humidité et aux gaz.

Le schéma, page suivante, d'une ligne de fabrication en continu de granulés de plastiques techniques résume l'ensemble des opérations. Le matériel de base est l'extrudeuse.

Fonctions de l'extrudeuse

. **Fondre** : le polymère de base et les renforts et additifs fusibles,
. **malaxer** : les composants de la formule,
. **dégazer** : le milieu visqueux,
. **extruder** : généralement filer des joncs de quelques mm de diamètre.

L'extrudeuse est équipée d'une ou plusieurs vis, simples ou complexes (ressauts, contre-filets, malaxeurs, pas variable, etc.) qui entraînent les granulés vers la sortie du fourreau. Les calories apportées à la fois par les colliers chauffants qui entourent le fourreau et par l'énergie de cisaillement provoquent la fusion des composants. Le mélange se produit tout au long de la vis et principalement au moment du cisaillement à l'état fondu.

Dans certaines zones de la vis, le mélange est mis en dépression et soumis à un vide plus ou moins poussé pour permettre le dégazage.

La filière permet le calibrage du jonc extrudé fondu.

Les annexes de l'extrudeuse

Les doseurs : ce sont les appareils (balances doseuses, extracteurs doseurs à vis, etc.) qui font entrer dans l'extrudeuse les quantités adéquates d'additifs.

La mise sous vide : le vide peut être créé par une simple pompe à anneau d'eau ou par un ensemble : pompe + diffuseur à vapeur.

La filière : c'est généralement une plaque simple munie d'orifices calibrés permettant d'assurer une bonne répartition des brins en vue d'obtenir leur refroidissement optimal.

Le refroidissement

Le mélange homogénéisé dans la boudineuse est extrudé sous forme de joncs à une température légèrement supérieure à la température de fusion (T.F. + 20 °C). Il faut refroidir ces joncs afin de pouvoir les couper.

La coupe

Les joncs sont coupés en longueur de quelques millimètres. Les granulés doivent être réguliers en diamètre, longueur et forme. L'alimentation correcte des presses à injecter ou des extrudeuses en dépend. D'où la nécessité de contrôler le refroidissement des joncs et le débit de l'appareil de coupe.

N.B. : Il est possible et même quelquefois très avantageux avec certaines formules de plastiques techniques de combiner le refroidissement et la coupe. C'est **la granulation sous eau.** Les matériels cumulant ces deux fonctions sont disponibles chez les constructeurs spécialisés.

D'autres appareils permettent d'éliminer l'eau par aspiration ou soufflage avant la coupe : c'est la **granulation à sec.**

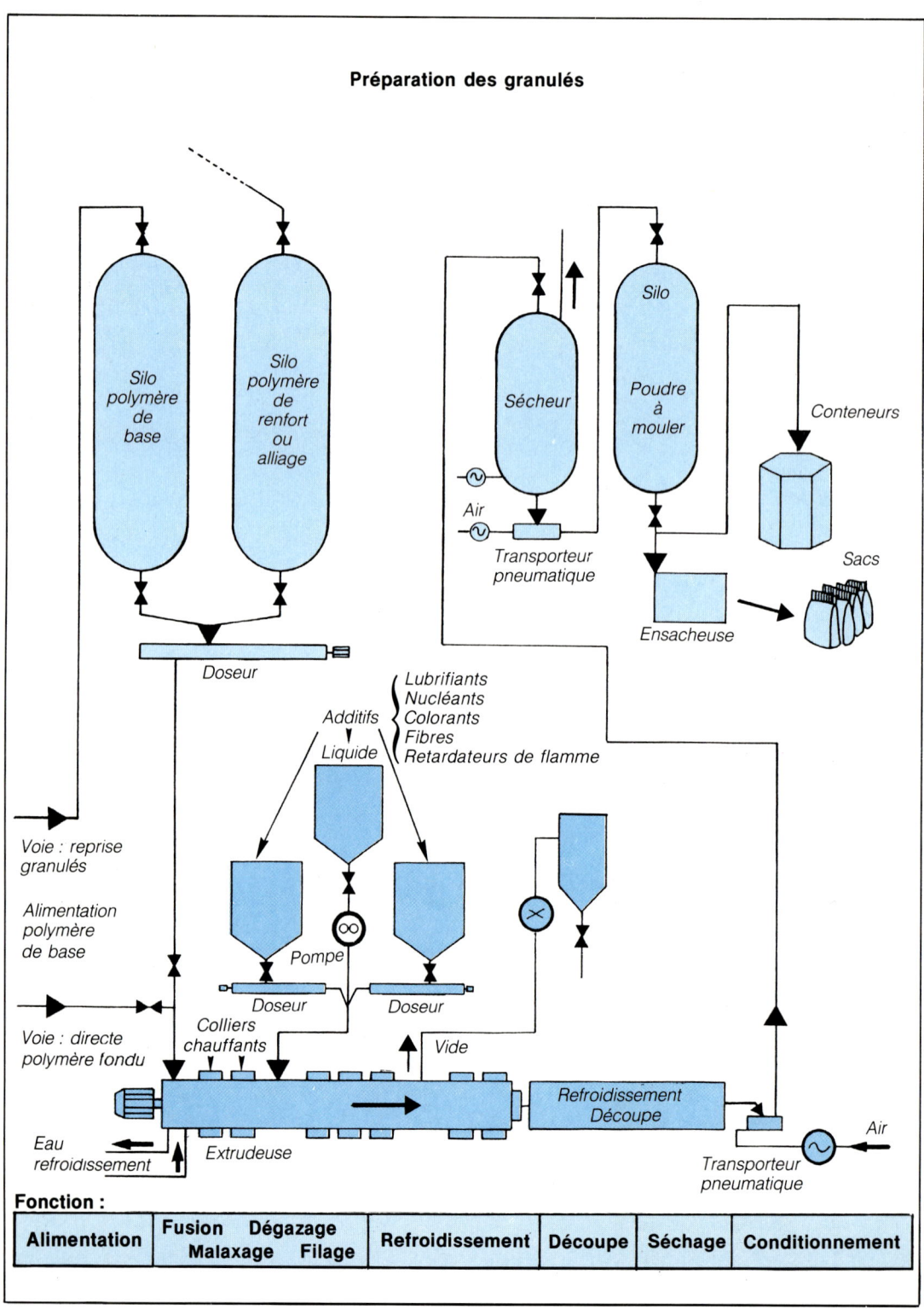

Des polymères de base aux plastiques techniques

Tamisage - Séchage Refroidissement

Les granulés passent sur des tamis (élimination de fausses coupes) avant d'être séchés et refroidis pour le stockage.

Stockage - Ensachage

Les granulés sont stockés et mis en sacs pour livraison. Dans la majorité des cas, les producteurs livrent les granulés **prêts à l'emploi** dans des emballages composites (papier kraft/aluminium/polyéthylène). Les sacs fermés par thermosoudage permettent un stockage de plusieurs mois sans reprise sensible d'humidité par les granulés.

N.B. : la tendance actuelle est d'utiliser des conteneurs de 500 voire 1 000 kg ou même l'expédition en vrac (wagons ou camions).

Des granulés à l'objet fini.

PROPRIETES DES PLASTIQUES TECHNIQUES

Les plastiques techniques sont ainsi nommés à cause de leurs facultés à remplir des fonctions techniques autrefois réservées aux métaux mais également parce que la combinaison de leurs propriétés permet des solutions économiques rapides et durables à certains problèmes.

Ces solutions sont principalement dues aux propriétés excellentes des polymères de base :
- propriétés mécaniques,
- propriétés diélectriques,
- propriétés thermiques favorables lorsque varie le couple temps/température,
- inertie chimique,
- etc.

A la base de ces propriétés, il y a bien sûr les caractéristiques physico-chimiques de ces polymères.

PROPRIÉTÉS PRINCIPALES DES POLYMÈRES DE BASE

Propriétés physiques Constitution

Les macromolécules masses moléculaires (MM)

Les polymères de base sont constitués de molécules à **longues chaînes linéaires** et sont **thermoplastiques**.

Thermoplastiques

Sous l'action de la température, le matériau subit une fusion plus ou moins franche. On peut alors lui donner une nouvelle forme (moulage, formage) qu'il conservera au refroidissement. Le phénomène est réversible et peut théoriquement être reproduit indéfiniment. La dégradation thermique et la dégradation thermo-oxydante limitent cette possibilité comme nous le verrons plus loin.

Longues chaînes

Les macromolécules de ces polymères ont un degré de polymérisation variable présentant une dispersion centrée sur une valeur plus fréquente. La masse moléculaire en nombre (Mn) varie de 15 000 à 60 000 g/mole environ. Les grades destinés au moulage par injection ont en général une MM en poids comprise entre 20 et 30 000 g/mole.

Caractérisation d'un ensemble hétérogène de macromolécules

(1) Degré de polymérisation : $\overline{DP_n} = \dfrac{\Sigma i . Ni}{\Sigma Ni}$

(2) Masse moléculaire en nombre : $\overline{Mn} = \dfrac{\Sigma Ni Mi}{\Sigma Ni}$

(3) Masse moléculaire en poids : $\overline{Mw} = \dfrac{\Sigma Ni . Mi}{\Sigma Ni . Mi}$

La longueur moyenne et la dispersion des chaînes moléculaires est très importante à connaître. En effet de nombreuses propriétés (en particulier mécaniques : résilience, comportement en traction) en dépendent.

Ces caractéristiques doivent être les plus constantes possible pour un polymère donné.

La détermination précise des longueurs et de la dispersion des longueurs des chaînes macromoléculaires fait appel à des méthodes de laboratoire encore lourdes et coûteuses telles que la **GPC**. Industriellement, on appréhende plus facilement la valeur des MM à travers les mesures de viscosité, soit en solution soit à l'état fondu.

La viscosité en solution, mesure de l'**indice de viscosité,** est très pratiquée pour les polyamides, polycarbonates, polyesters saturés. Elle est simple et rapide. La mesure de viscosité à l'état fondu peut se réduire à un simple contrôle, par exemple l'**indice de fluidité** *(Melt Index)* selon la norme ISO 1133, ou permettre une étude plus en profondeur du comportement rhéologique du polymère (étude aux rhéomètres : capillaire, cône/plan, plan/plan, etc.). Cette connaissance est de plus en plus nécessaire pour permettre l'optimisation des paramètres de transformation.

Mesure de l'indice de viscosité en solution

Norme Iso	Polymères	Types de solvants
307	PA66; 6;69 610; 612 PA11 et 12	H_2SO_4 96 ± 0,15 % HCO_2H 90 ± 0,15 % Metacrésol
1 628.4	PC	Dichlorométhane
1 628.5	PET	Phenol/Dichlorobenzène 50/50 %
	PBT Copolymères PET/PBT	Métacrésol

La norme ISO 1 628.1 définit les principes généraux de la mesure des viscosités des polymères en solution.

Les concentrations sont données en poids.

Les macromolécules morphologie

On trouve dans les polymères techniques des polymères amorphes et des polymères semi-cristallins.

Pour les premiers, les molécules sont enchevêtrées, sans ordre. Le matériau est homogène et devrait présenter une isotropie parfaite c'est-à-dire des propriétés identiques dans toutes les directions des pièces moulées.

A titre d'exemple, un polymère amorphe aura un retrait au moulage faible et isotrope. Les pièces moulées n'auront de ce fait pas de déformation, d'où la possibilité de mouler des pièces de grandes dimensions (capots).

Les polymères semi-cristallins présentent des zones amorphes, sans organisation et des zones ou les molécules sont ordonnées et organisées. Les coupes fines (quelques microns) examinées au microscope en lumière polarisée montrent des sphérolites.

Dans les zones organisées, des éléments de chaînes sont rangés parallèlement les uns aux autres et liés par des forces intermoléculaires. Au-delà de ces zones, on retrouve le désordre de la structure amorphe. Ce type de structure dépend de la composition du monomère. Par exemple, dans des polyamides, les groupements fonctionnels.

$$-\underset{\underset{O}{\|}}{C}-NH-$$

favorisent l'apparition de liaisons hydrogène très fortes.

Au cours du refroidissement du polymère fondu, l'organisation se met en place. Les éléments cristallins apparaissent et se développent au hasard. Mais nous verrons plus loin qu'il est possible de contrôler ce phénomène. On peut ainsi améliorer les conditions de mise en œuvre et les propriétés des pièces obtenues.

Appareil de chromatographie d'extrusion diffusion (GPC : gel permeation chromatography) couplé à un analyseur infra-rouge.

Coupe microscopique montrant l'organisation cristalline d'un polyamide (sphérolite).

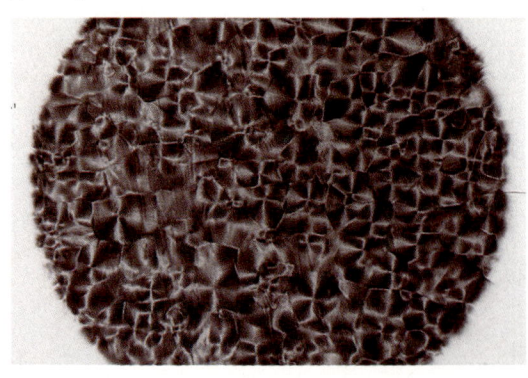

Structure des polymères

Type	Structure
PA	Semi-cristallin
PC	Amorphe
POM	Semi-cristallin
PPO mod.	Amorphe
PBT	Semi-cristallin
PET	Semi-cristallin

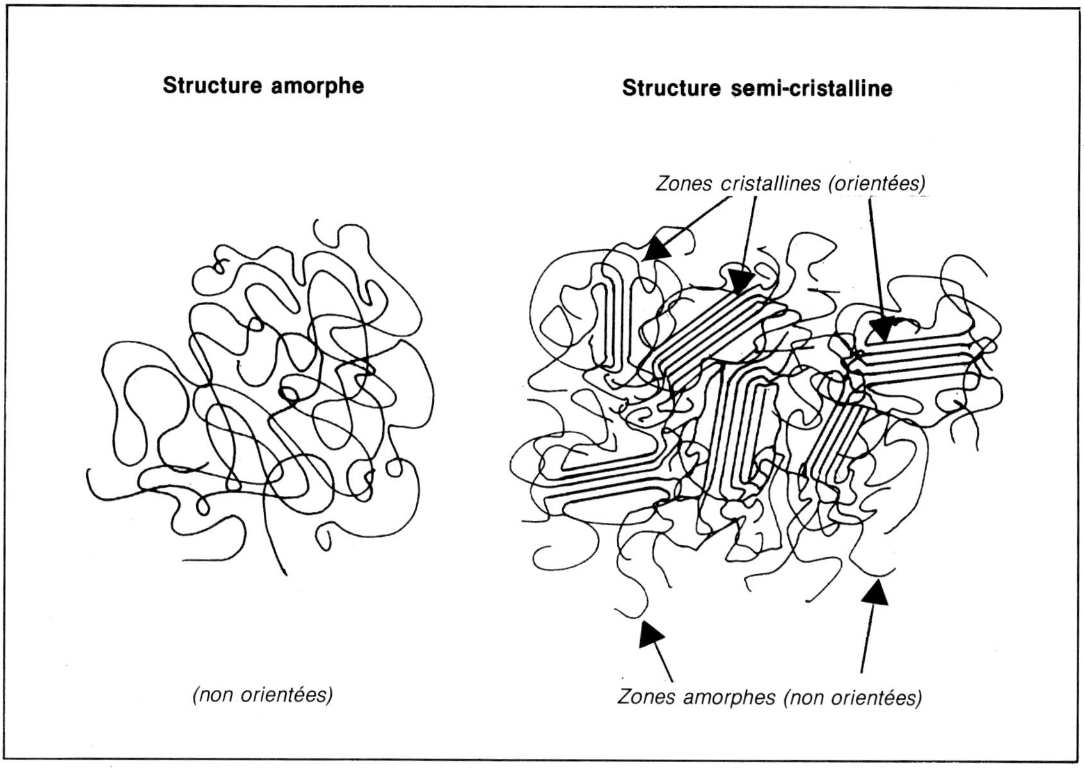

Propriétés des plastiques techniques

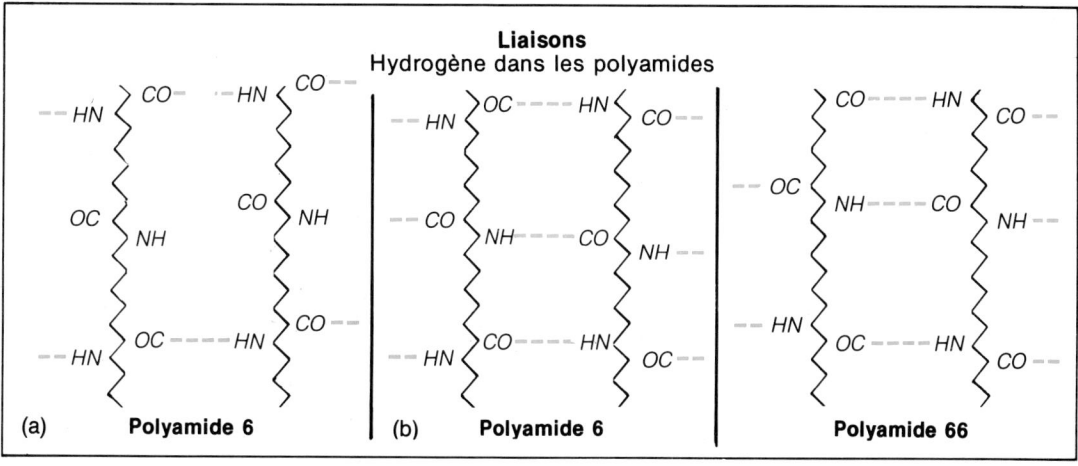

Structure amorphe

(non orientées)

Structure semi-cristalline

Zones cristallines (orientées)

Zones amorphes (non orientées)

Liaisons Hydrogène dans les polyamides

(a) **Polyamide 6** (b) **Polyamide 6** **Polyamide 66**

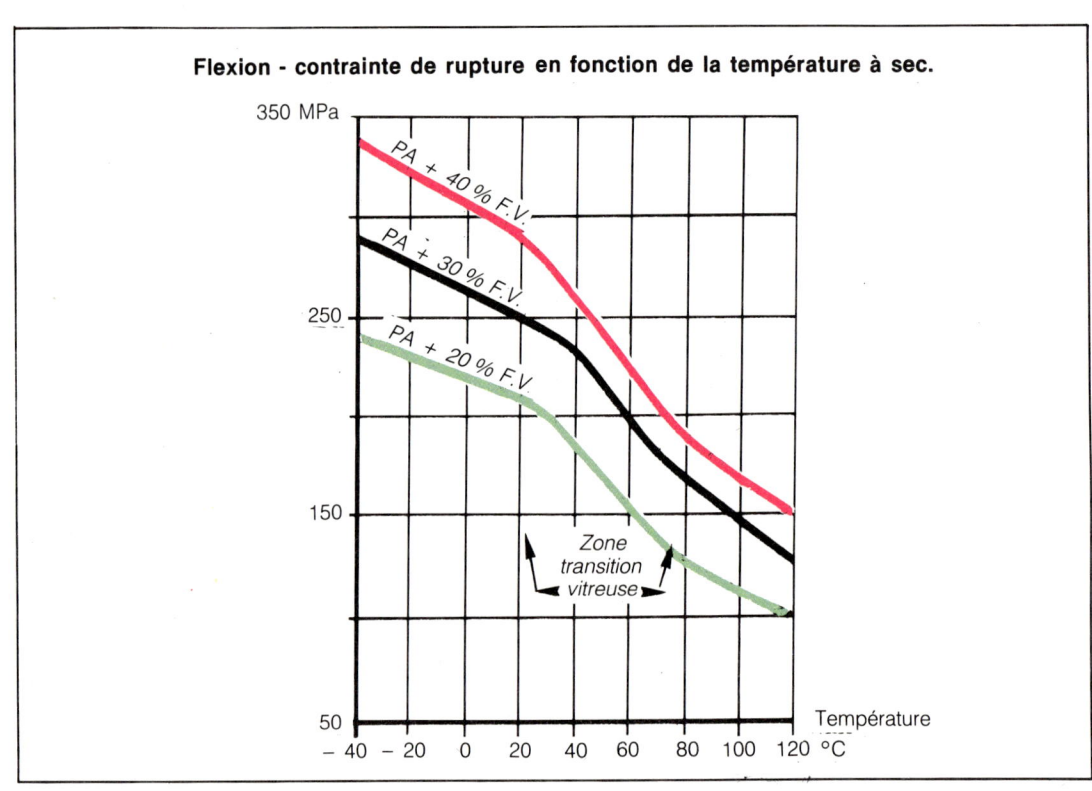

Propriétés thermiques

Si l'on étudie la variation de la contrainte de rupture en flexion en fonction de la température, pour un polyamide 66 par exemple, on observe aux alentours de 50 °C une diminution de cette caractéristique (voir courbes). Pour la courbe de variation dimensionnelle on observera de même un changement du coefficient d'expansion thermique dans la même zone de température. Ces phénomènes sont dus à la présence de parties amorphes dans le polymère ; sous l'effet de l'énergie calorifique, les portions de molécules acquièrent une certaine mobilité les unes par rapport aux autres, mobilité qui affecte les propriétés physico-mécaniques. La température correspondante à ce phénomène est appelée température de **transition vitreuse (Tg).**

Les polymères techniques sont soit amorphes, soit semi-cristallins. Ils ont donc tous une Tg. Leurs propriétés thermo-mécaniques instantanées seront donc influencées par le niveau de celle-ci.

Le tableau ci-contre donne les Tg, les températures de fusion pour les semi-cristallins et les températures de fléchissement sous charge des plastiques techniques (TSFC sous 1,8 MPa).

Propriétés thermiques des polymères de base

Type	Fusion ou ramollissement (°C)	Point de transition Tg (°C)	Température de fléchissement sous charge (1,8 MPa)(°C)
Polyamide (PA) 66	265	50/60	90
6	216	50/60	80
610	218	166	57
11	185	30/35	52
12	178	55/60	55
Polycarbonate (PC)	Amorphe	140/150	135
Polyoxyméthylène (POM)	180	$-50/-60$	125
Polyphénylenoxyde (PPO)	Amorphe	210	130
Polyesters saturés (PBT)	225	55/70	50
(PET)	255	50/85	85

On peut constater que les deux polymères amorphes, PC et PPO modifié, ont des TFSC élevées en rapport avec leur Tg.

Le POM a une Tg basse mais sa forte cristallinité lui confère cependant une TFSC de 125 °C.

Les PA et les polyesters ont des TFSC relativement basses. Leur point de « fusion » élevé permet de relever très sensiblement cette propriété par adjonction de fibres par exemple.

Propriétés mécaniques

Les propriétés mécaniques des polymères de base des plastiques techniques sont dans l'ensemble d'un bon niveau.

Le tableau de la page suivante donne quelques valeurs pour des propriétés essentielles. On notera la très bonne résistance au choc du polycarbonate.

En ce qui concerne les polyamides, qui absorbent l'eau dans des proportions non négligeables, les propriétés varient en fonction de l'état de siccité des pièces.

La rigidité diminue mais la résistance au choc augmente lorsque le taux d'humidité augmente. L'eau joue le rôle de plastifiant.

Nous verrons qu'il est possible d'améliorer les propriétés de ces polymères par adjonction de renforts.

Propriétés mécaniques essentielles des polymères de base

Type	Contrainte rupture traction (MPa)	Module flexion (MPa)	Choc IZOD entaillé (kJ/m)
Polyamide (PA) 66	75	1 200	120
6	55	1 000	250
610	50	1 200	—
11	55	1 100	—
12	65	1 500	—
Polycarbonate (PC)	65	2 800	700
Polyoxyméthylène (POM)	70	2 850	75
Polyphénylénoxyde (PPO)	65	2 500	160
Polyesters saturés (PBT)	52	2 600	60
(PET)	75	3 000	60

Propriétés diélectriques

Les polymères techniques ont de très bonnes propriétés d'isolation électrique. Il est cependant nécessaire d'améliorer le comportement au feu de la plupart d'entre eux pour en faire des matériaux acceptés par l'industrie électrique dont les exigences sont de plus en plus élevées.

Aptitude à la transformation

D'une façon générale les polymères techniques se transforment bien par les procédés classiques d'injection et d'extrusion. Seul le PPO présente à l'état pur des difficultés dues à sa grande viscosité. Ces difficultés disparaissent si on le modifie, avec du polystyrène par exemple. Toutefois, pour d'autres, certaines précautions sont à prendre. Par exemple les PA et surtout les polyesters doivent être exempts d'eau avant la fusion-transformation, car ils sont particulièrement sensibles à l'hydrolyse :

Eau + température = coupure des chaînes,

d'où perte sensible des propriétés.

Inertie chimique

Les polymères ont une très bonne inertie chimique et sont insensibles à la corrosion. C'est un point fort qui peut être déterminant lors du choix d'un matériau destiné à travailler en milieu chimiquement agressif.

On relève cependant quelques exceptions. Par exemple, le comportement des polymères vis-à-vis des solvants organiques, hydrocarbures, huiles ou

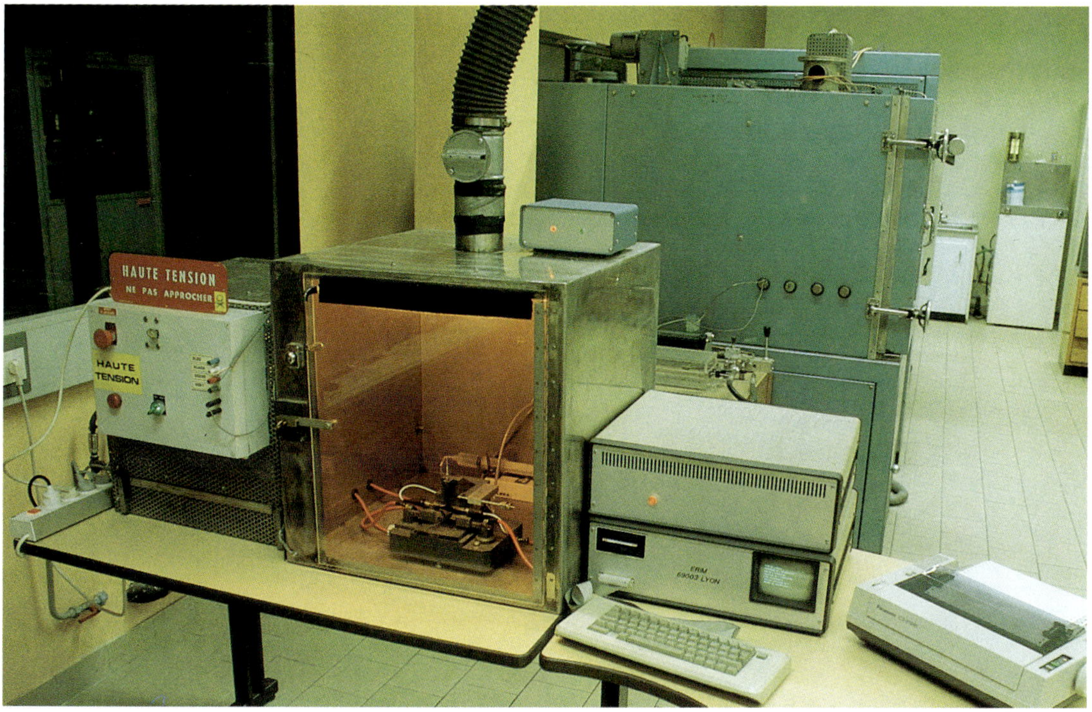

Propriétés des plastiques techniques

Appareil automatique de mesure d'IRC (mis au point par Rhône-Poulenc).

Détail de la cellule montrant les électrodes, le capillaire d'injection de la solution conductrice et le flash correspondant au cheminement de l'arc.

graisses, fait apparaître une différence entre les semi-cristallins et les amorphes (PC et PPO modifié). Ceux-ci ont une structure mal organisée, donc mal protégée contre la pénétration des molécules organiques. D'où des gonflements, et variations dimensionnelles. Les semi-cristallins sont protégés par leur réseau et résistent bien. (Exemple : réservoir de décantation d'huile chaude d'un moteur, fait en PA 66).

Autres exceptions : la sensibilité des PA et POM aux acides forts, des polyesters saturés à l'eau chaude.

Recyclage des déchets

Les plastiques techniques sont des thermoplastiques. Comme nous l'avons vu, le processus de « fusion »-mise en forme-refroidissement est réversible. Il peut être reproduit théoriquement indéfiniment. Cela permet de recycler, après broyage, les déchets (pièces défectueuses, déchets consécutifs aux réglages des machines, canaux d'alimentation des moules, etc.). L'économie de matériau réalisée est un gain évident. Mais cela permet aussi de réduire très sensiblement les problèmes de pollution de l'environnement par les déchets industriels.

AMÉLIORATION DES PROPRIÉTÉS DES POLYMÈRES DE BASE

Les polymères de base décrits dans les chapitres précédents ont des propriétés intrinsèques élevées. Toutefois, prises dans leur globalité, elles ne sont pas toujours suffisantes pour rivaliser avec celles de certains métaux dans leurs applications.

Il est possible de les amener au niveau adéquat de compétitivité par des renforts tels que fibres, composés minéraux, microsphères, des additifs tels que : lubrifiants, anti UV, etc.

Les recherches effectuées ces dernières années ont permis de combler certains retards. Pour ce qui est, par exemple, du comportement au feu, l'introduction d'additifs retardateurs de flamme a considérablement amélioré ce point faible des plastiques techniques. C'est ce qui a, entre autres raisons, permis leur développement remarquable dans le domaine de l'électrotechnique.

Amélioration des propriétés mécaniques

Les polymères manquent naturellement de rigidité. La résistance qu'ils opposent lorsqu'ils sont soumis à des forces de traction, flexion ou compression, est insuffisante. Parmi les **renforts** utilisés pour pallier cette déficience, on trouve en premier lieu **les fibres**. Le principe est connu depuis fort longtemps : la paille, introduite dans l'argile pour les constructions, joue ce rôle de fibre de renfort mécanique. Le bois est naturellement renforcé par ses fibres, et l'on sait depuis longtemps de découper dans le bon sens pour avoir le maximum de rigidité et de résistance à la flexion.

La fibre de verre

C'est la fibre de renfort la plus utilisée. Dans le domaine des plastiques techniques, on y recourt largement pour des raisons économiques (son prix avantageux) et des raisons techniques (facilité de mise en œuvre, amélioration sensible des propriétés mécaniques).

Le tableau suivant compare quelques propriétés des polymères de base et des polymères renforcés par environ 30 % de fibres de verre (en poids).

Propriétés comparées des polymères de base et des polymères de base renforcés fibre de verre

Propriétés	Unités	PA66		PA6		PC		POM		PPO Med		P esters			
												PBT		PET	
		Std	+ 33 % F de V	Std	+ 30 % F de V	Std	+ 30 % F de V	Std	+ 30 % F de V	Std	+ 30 % F de V	Std	+ 30 %	Std	+ 36 %
Traction Contrainte Allongement	MPa %	60 60	120 4	40 60	110 4	65 100	110 4	69 40	135 3,5	65 60	120 5	50 250	135 3	75 70	185 3
Flexion Module	MPa	1 200	5 000	1 000	4 000	2 800	8 000	2 800	9 600	2 500	9 000	2 600	9 000	3 000	12 000
Choc Izod entaillé	J/m	110	120	250	150	700	100	75	100	160	100	60	70	20	110
Température de fléchissement sous charge 1,8 MPa	°C	100	252	80	205	135	145	125	160	130	160	50	200	85	225
Retrait ou moulage	%	1,5	0,5	1,2	0,4	0,6	0,2	2	0,5	0,6	0,2	2	0,7	2	0,5
Absorption d'eau	%	1,2	1	1,5	1,2	0,15	0,13	0,25	0,25	0,07	0,06	0,1	0,07	0,1	0,06

Roue de vélo tout terrain en polyamide 66 (PA 66) modifié.

A l'évidence, le module de flexion — la contrainte de rupture en traction et la température de fléchissement sous charge — traduisent le gain de rigidité apporté par la fibre de verre.

Parmi les autres effets positifs, on note également la baisse du taux de reprise d'eau du composé et la diminution du retrait au moulage. Ces deux facteurs améliorent la stabilité dimensionnelle. Toutefois, lorsque les fibres de verre sont très orientées, le retrait est différent dans le sens parallèle aux fibres et dans le sens perpendiculaire (anisotropie). Cela peut conduire, lorsque le retrait moyen est élevé, à la déformation des pièces et interdire ainsi l'accès aux objets de grandes dimensions.

L'emploi de la fibre de verre présente d'autres inconvénients. Tout d'abord, les pièces fabriquées sont moins belles qu'avec le polymère seul. L'aspect de surface est plus mat et plus rugueux. De plus, comme pour tous les additifs solides, la transparence est supprimée par la fibre de verre. Ces défauts sont rédhibitoires pour certaines applications. En outre, l'emploi de la fibre de verre pose de sérieux problèmes au niveau des procédés de fabrication et de transformation des granulés : la fibre est très abrasive et provoque des usures rapides dans les matériels. Les parades existent. Elles ne sont pas totalement efficaces et toujours très coûteuses. En ce qui concerne l'incidence des fibres de verre sur la résistance au choc, le problème est plus complexe.

Mesure sur éprouvettes lisses

La fibre de verre fragilise les polymères. Dans un test de mesure de résistance au choc Charpy une éprouvette sera assez « souple » pour passer entre les appuis sans se rompre. La même éprouvette avec le polymère contenant de la fibre de verre sera plus rigide et cassera. On pourra alors calculer sa **résilience** exprimée en KJ/m².

Mesure sur éprouvettes entaillées

Dans ce cas (voir les valeurs du choc Izod entaillé), la fibre de verre avantage les polymères dont la résilience est naturellement faible, mais pénalise fortement les autres (par exemple le polycarbonate).

Remarques sur l'emploi de la fibre de verre

. La fibre de verre généralement utilisée est à base de « verre E » de densité 2,54. Cette densité élevée présente l'inconvénient d'augmenter la masse volumique du composé, au prorata du taux de charge.
. La fibre de verre existe dans le polymère sous forme de bâtonnets de quelques centaines de μm (micromètres) de longueur. C'est le procédé **fibres courtes.** Il doit être distingué du procédé **fibres longues** utilisant des rubans, mats, nappes tissées, pour la fabrication de composites ou de pré-produits pour enroulements filamentaires, etc.
. Le diamètre de la fibre de verre a une incidence sur les propriétés ; si le diamètre est trop faible, la fibre est fragile, elle se casse au cours de la transformation et les longueurs résiduelles dans les pièces sont insuffisantes pour jouer le rôle d'un renfort fibrillaire ; de plus, le coût de fabrication de la fibre elle-même est prohibitif. Si le diamètre est trop élevé, l'écoulement à l'état fondu devient difficile ; de plus les propriétés obtenues deviennent médiocres. Le diamètre généralement utilisé est de 10 à 15 μm.
. Ces renforts à base de verre se présentent sous forme de rubans enroulés sur bobines ou de fibres coupées de quelques centimètres de longueur. Dans tous les cas, la fibre de verre est **ensimée,** c'est-à-dire qu'elle a reçu un enduit ayant un triple rôle : de **lubrification** pour éviter les rayures qui fragiliseraient le verre ; de **compatibilisation** avec le polymère : en effet, pour être efficace, la fibre de verre doit être liée chimiquement au polymère par un composé spécifique ; **antistatique,** pour permettre une manipulation plus facile des fils, rubans, ou fibres coupées.

La fibre de carbone

Produite à partir de fils textiles par un procédé long et délicat, cette fibre est très chère donc moins intéressante que la fibre de verre sur le plan économique. En revanche, elle permet d'atteindre des propriétés mécaniques beaucoup plus élevées en raison de son module bien supérieur.

Le tableau de la page suivante permet de comparer quelques propriétés entre polymères de base et polymères renforcés par 30 % en poids de fibre de carbone.

L'analyse montre la très forte augmentation de la rigidité et du module de flexion, les effets sur la résilience, tout à fait semblables à ceux de la fibre de verre et, comme pour la fibre de verre un retrait au moulage et un taux de reprise d'humidité réduits avec, comme conséquences, l'amélioration de la stabilité dimensionnelle, mais l'apparition possible de déformations dans les pièces (anisotropie du retrait).

Propriétés comparées des polymères de base et des polymères de base renforcés fibre de carbone

Caractéristiques	Unités	PA66		PA6		PC		POM		PBTP	
		Std	30 %	Std	30 %	Std	30 %	Std	30 %	Std	30 %
Traction Contrainte Allongement	MPa %	60 60	235 4	40 60	220 3	65 100	165 3	69 40	81 3	52 250	152 2
Flexion module	Mpa	1 200	21 000	1 000	18 000	2 800	13 000	2 850	9 300	2 600	16 000
Choc Izod entaillé	J/m	110	100	250	80	700	80	75	50	60	60
Température de fléchissement sous charge 1,8 MPa	°C	100	257	80	205	135	149	125	165	50	221
Retrait ou moulage	%	1,5	0,2	1,2	0,2	0,6	0,15	2	0,5	2	0,15
Absorption eau	%	1,2	0,5	1,5	0,7	0,15	0,1	0,25	0,5	1	0,06

Remarques

La fibre de carbone a un diamètre inférieur à celui de la fibre de verre : 6 à 8 μm. Sa densité, de l'ordre de 1,4, est plus proche de celle des polymères et permet la réalisation des pièces légères à hautes performances mécaniques.

A la différence de la fibre de verre, la compatibilisation fibre de carbone/polymère n'a pas été beaucoup étudiée. On peut donc espérer des améliorations sensibles dans le futur.

Les autres fibres

D'autres fibres peuvent être utilisées pour améliorer les propriétés mécaniques des plastiques techniques. De nombreuses études sont en cours. Toutes ces fibres possèdent un module d'élasticité très élevé. Leur coût actuel et la nécessité de mettre au point une technologie de mise en œuvre adaptée en ralentissent le développement.

On peut les classer en deux catégories principales :

Les différentes présentations de la fibre de verre de renfort.

Les fibres organiques : ce sont les fibres à base de polyamide aromatique, ou fibres aramides. Elles ont de nombreux avantages (module élevé, faible densité) par rapport aux fibres de verre et aux fibres de carbone. Leur mise en œuvre reste encore délicate et les résultats obtenus ne sont qu'intermédiaires comparés à ceux obtenus avec la fibre de verre et la fibre de carbone.

Les fibres minérales et métalliques telles que la fibre de bore, les fibres céramiques, les fibres d'alumines, les monocristaux fibrillaires (carbure de silicium) : leur utilisation n'en est aujourd'hui qu'au stade expérimental.

Les renforts polymères

Nous avons vu que l'introduction de fibres de verre, carbone et autres permet de donner à certains plastiques techniques la rigidité qui leur manque naturellement afin qu'ils puissent satisfaire aux exigences d'applications techniques.

Il est possible de procéder de même pour une autre propriété, la **résistance au choc** : d'une façon générale les métaux ont des résistances au choc très élevées et ne sont pas spécialement sensibles à l'entaille. Il n'en est pas de même pour les plastiques techniques. Pour améliorer ce point, les

Incidence de la taille des inclusions sur la résistance au choc

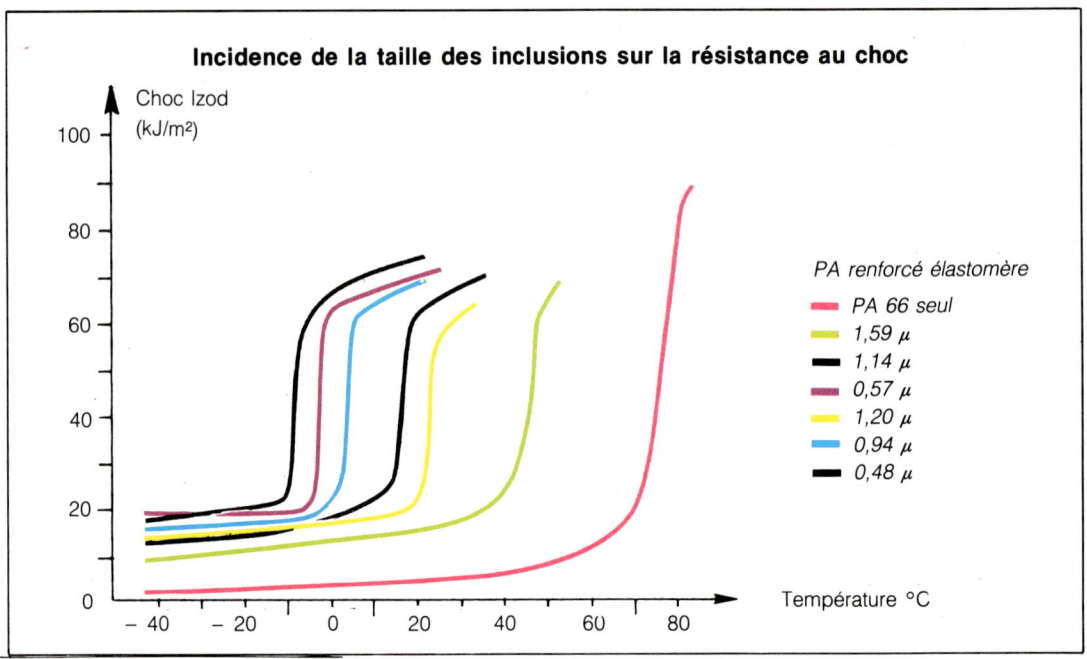

Choc Izod (kJ/m²) vs Température °C

PA renforcé élastomère
- PA 66 seul
- 1,59 μ
- 1,14 μ
- 0,57 μ
- 1,20 μ
- 0,94 μ
- 0,48 μ

D'après Borgreeve (Université de Twente)

laboratoires de recherche des producteurs ont mis au point des formules modifiées par des hauts polymères élastomères de type :
- EPDM (Éthylène propylène diène monomère),
- Éthylène acryliques,
- Éthylène propylène,
- etc.

Les renforts polymères (élastomères) sont incorporés dans les polymères de base à raison de 5 à 15 % en poids environ. On obtient ainsi des systèmes complexes, généralement biphasiques, de morphologie caractéristique. Les études ont montré que les résultats ne dépendent pas seulement de la nature de l'élastomère mais aussi de la structure finale, de l'homogénéité de la dispersion d'une phase dans l'autre (biphasique), de la taille des inclusions (moyenne et distribution), du taux de renfort, de la nature de la liaison : élastomère dispersé/matrice principale.

Cela nécessite l'utilisation d'agents de liaison et de dispersants, ainsi que l'acquisition d'un savoir-faire technologique.

Le mode d'action de ces renforts élastomères est schématiquement le suivant : en cas de choc, l'énergie reçue est transférée à la phase élastomère qui l'absorbe et arrête la propagation des fissures.

Résultats

Le tableau suivant permet de mesurer l'efficacité des renforts chocs sur quelques plastiques techniques.

Propriétés comparées des polymères de base et des polymères renforcés choc

Caractéristiques	Unités	PA66		PA6		POM		PPO	
		Std	Choc	Std	Choc	Std	Choc	Std	Choc
Traction Contrainte Allongement	MPa %	60 60	45 80	40 60	30 200	69 40	45 200	65 60	45 —
Flexion module	Mpa	1 200	900	1 000	500	2 850	1 380	2 500	1 900
Choc Izod entaillé	J/m	110	400	250	300	75	910	160	420
Température de fléchissement sous charge 1,8 MPa	°C	100	60	80	50	125	90	130	115
Retrait ou moulage	%	1,5	2	1,2	1,3	2	1,1	0,6	0,7
Reprise eau	%	1,5	2	1,2	1,3	2	1,1	0,6	0,7

Un des effets positifs est l'amélioration de la résistance à la fatigue, aux chocs répétés et un meilleur choc à froid.

En contre-partie, les valeurs du module sont sensiblement diminuées, ce qui est naturellement dû à la présence d'élastomère. La résistance à la rupture en traction, comme la température de fléchissement sous charge (TFSC) ont également diminué.

Aujourd'hui, la connaissance approfondie des produits (compatibilisants, agents de greffage, élastomères, etc.), la connaissance des phénomènes qui accompagnent le choc et la propagation des fissures et la mise à disposition par les constructeurs d'extrudeuses à taux de cisaillement contrôlés... ont permis d'aller plus loin. C'est ainsi que la résistance au choc à froid a pu être améliorée à des températures de plus en plus basses, et que l'on a pu allier, dans une même formule, le gain de rigidité apporté par la fibre de verre, l'amélioration de résilience due aux élastomères et la résistance au feu due aux retardateurs de flamme.

Ces nouveaux produits se développent rapidement, en particulier dans les domaines de la construction automobile et des transports.

Les renforts minéraux

Certains minéraux, peuvent servir de **renforts** des plastiques techniques. C'est surtout le cas avec les polyamides.

Porte-lame de patins à glace en polyamide 66 (PA 66) renforcé chocs.

Les charges renforçantes utilisées sont principalement des talcs, comme par exemple des talcs calcinés (voir brevet européen de Rhône Poulenc n° 98229), des kaolin et des silicates.

Les micas (suzorites par exemple), bien qu'intéressants pour l'augmentation de rigidité qu'ils procurent, sont peu employés comme renforts en raison de leur forte coloration et de la fragilisation qu'ils apportent aux formules.

Résultats

Le tableau suivant donne les propriétés d'un PA 66 standard comparées aux formules PA des 66 renforcés minéral, renforcés choc ou encore renforcés minéral et choc.

Propriétés comparées des polyamides et des polyamides avec renfort minéral

Type	Température de fléchissement sous charge °C	Module flexion MPa	Choc Charpy	
			Lisse	Entaillé
			kJ/m²	kJ/m²
— PA66 standard	100	1 200	NR*	12
— PA66 + 40 % renfort minéral	140	1 850	NR	8,5
— PA66 + élastomère	60	900	NR	NR
— PA66 + 30 % minéral + élastomère	70	1 200	NR	18

On notera :
. la charge minérale seule (PA 66 + 40 % minéral) augmente fortement la rigidité (module de flexion) et la TFSC ; le choc entaillé est, en revanche abaissé ;
. le renfort élastomère (PA 66 + élastomère), à l'inverse, diminue sensiblement le module et la TFSC et donne un choc très élevé ;
. un très bon compromis est obtenu avec la formule : PA 66 + minéral + élastomère.

Chacune de ces formules a des applications qui correspondent à l'ensemble de leurs propriétés. C'est un exemple type de l'adaptabilité des plastiques techniques, adaptabilité due à un bon niveau de propriétés-physicochimiques, mécaniques, thermiques, diélectriques des polymères de base, ainsi qu'à une excellente aptitude de ces mêmes polymères à tirer parti des renforts de toutes natures.

Les alliages

En termes généraux, un alliage peut se définir comme le mélange de deux matériaux différents en vue de créer un nouveau matériau aux propriétés nouvelles.

La **métallurgie** utilise depuis très longtemps, et très largement, cette possibilité.

C'est aussi le cas en **plasturgie.** Une des raisons de ce choix (sans doute la première, chronologiquement) est la possibilité d'abaisser les coûts de fabrication. On associe un polymère ayant des propriétés de haut niveau, mais de prix élevé, à un autre polymère plus ordinaire pour obtenir un alliage moins cher, dont les performances restent toutefois acceptables pour certains domaines d'application. A titre d'exemple, les alliages PC/ABS (acrylique, butadiène, styrène), remplacent de plus en plus le PC pur ou le PPO modifié dans la fabrication de pièces pour l'automobile.

Une autre raison est la possibilité d'améliorer les propriétés de chacun des constituants de l'alliage. C'est sur ce point, et en l'appliquant au seul domaine des plastiques techniques, que nous nous arrêterons.

Les plastiques techniques se caractérisent principalement par :
. leurs propriétés mécaniques, diélectriques, et leur résistance aux agents chimiques élevés,
. le maintien de ces propriétés en température et au cours du temps,
. la facilité de leur transformation.

Mais, comme le montrent les tableaux de propriétés, ils ont chacun des points forts et des points faibles. On pourrait ainsi tracer le profil du plastique technique idéal. Il aurait :

. la résistance au choc du PC,
. la rigidité des PC-PET,
. la résistance chimique des PA-PBT,
. la stabilité dimensionnelle des PC-PET,
. la stabilité en température des PPO mod-PC,
. la grande facilité de transformation du PA.

Toutefois, il serait évidemment illusoire de vouloir fabriquer ce plastique technique idéal en mélangeant simplement de petites quantités de chacun des constituants ci-dessus. Les lois régissant les alliages polymères sont en effet complexes et encore mal connues.

Les polymères peuvent être, entre eux, soit solubles, soit miscibles, soit incompatibles. Dans ce dernier cas, les propriétés intéressantes ne sont révélées qu'en présence d'un agent de compatibilisation approprié. La recherche a cependant permis la mise au point de produits qui sont, depuis quelques années, largement utilisés. En voici deux exemples :

L'alliage PC/PBT qui met à profit les points forts du premier :
. bonne résistance au choc entaillé,
. très bonne tenue en température (Tg élevé),
. très bonne tenue à l'hydrolyse,
. faible reprise d'eau,

et les points forts du second :

. résistance aux agents chimiques,
. résistance aux huiles et aux graisses,
. coût faible.

L'alliage PPO modifié/PA 66 qui met à profit les points forts du premier :
. résistance au choc,
. très bonne tenue en température,
. faible reprise d'eau,

et du second :

. résistance aux agents chimiques,
. résistance aux huiles et aux graisses,
. coût faible.

D'autres alliages existent entre plastiques techniques **PA/PBT, PBT/PET, PC/PET** et de très nombreuses demandes de brevets sont déposées régulièrement depuis quelques années sur ce sujet. Mais, pour être tout à fait complet, il faut également mentionner tous les alliages dans lesquels les plastiques techniques apportent aux autres matières plastiques un gain de propriétés qui permet à celles-ci d'accéder aux applications techniques. Ce sont les alliages :
. PPE/PS* (le plus ancien),
. PC/ABS,
. PA/ABS,
. PA/PP.

Les alliages se développent et continueront à se développer, car la demande du marché est forte. La construction automobile a besoin de plus en plus de matières plastiques aux propriétés de plus en plus élevées, à des prix de plus en plus bas. Les alliages apporteront plus facilement une réponse à cette demande que de nouveaux polymères dont la genèse est beaucoup plus longue et coûteuse.

---

* Polystyrène

Amélioration des autres propriétés

Aptitude à la transformation

Les plastiques techniques sont des thermoplastiques. Leur transformation, étudiée plus en détail un peu plus loin, pour la fabrication de pièces ou d'objets, utilise cette propriété et peut être schématisée ainsi :

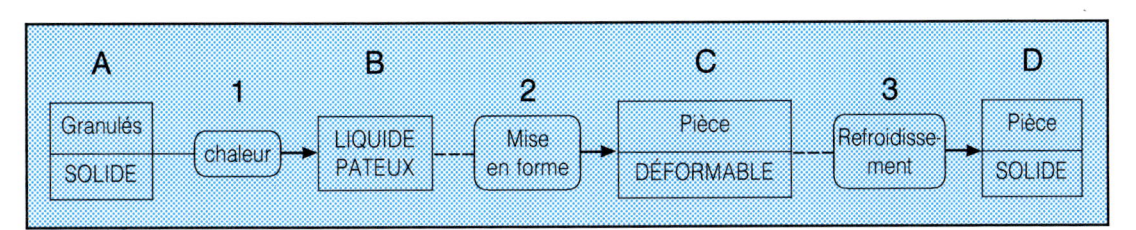

A	1	B	2	C	3	D
Granulés SOLIDE	chaleur →	LIQUIDE PATEUX	Mise en forme →	Pièce DÉFORMABLE	Refroidissement →	Pièce SOLIDE

Comme pour toute fabrication, cette transformation obéit aux paramètres économiques actuels : coût/délai.
Ce point est d'autant plus crucial que les marchés concernés réclament en général des grandes séries : automobile, électroménager, électrotechnique.
Entre les granulés A et la pièce solide D du schéma général, un nombre important de facteurs intervient, relevant soit du **procédé** et du **matériel** choisis lors de la conception de la pièce, soit du **matériau à transformer**. Des uns et des autres dépendra le **cycle** ou temps nécessaire pour passer de A à D. Des efforts permanents sont faits pour que ce cycle soit minimal.

Lubrification

C'est pour cela que la plupart des formules de plastiques techniques contiennent des **lubrifiants**. Ce sont des additifs, molécules ajoutées, soit autour des granulés (lubrification de surface), soit au moment de la fabrication de la formule (lubrification interne).

Leur rôle est de faciliter la progression des granulés dans les extrudeuses avant la fusion, de permettre un glissement des molécules les unes par rapport aux autres, pendant la fusion (ce qui limite les stagnations de polymère fondu, génératrices de dégradation) et la mise en forme (extrusion ou moulage), et de faciliter le glissement de la pièce solidifiée sur le métal d'un moule ou d'une filière de conformateur.

Les lubrifiants des plastiques techniques

- Acides gras
- Esters d'acides gras
- Sels d'acides gras
- Alcools gras
- Amides d'acides gras
- Cires de PE
- Paraffines
- Polymères PTFE
- Polyamides d'acides gras

La nature des molécules des lubrifiants est choisie en fonction des polymères de base, de la composition de la formule et de l'effet recherché. Chaque producteur utilise ses compositions mises au point en laboratoire en fonction des applications visées.

Nucléation

Pour les plastiques techniques, semi-cristallins, il est possible de réduire très sensiblement le cycle de moulage par injection, en agissant sur la vitesse de reprise de rigidité (phase 3 du schéma). L'introduction dans la formule d'un **nucléant,** permet d'agir sur la cinétique de cristallisation en créant des germes cristallins de façon uniforme dans le milieu « fondu ».

La croissance des cristaux commence partout de façon homogène dans les zones d'équitempérature et se fait rapidement. La conséquence est une reprise de rigidité plus rapide et une cristallisation beaucoup plus homogène. L'effet secondaire, mais important, est un retrait plus faible des pièces.

Étude des paramètres de transformation

Afin d'étudier de façon systématique les paramètres de transformation liés aux matériaux, Rhône-Poulenc a mis au point une batterie de tests spécifiques pour le **moulage-injection** :
- test de reprise de rigidité en flexion,
- test de reprise de rigidité en traction,
- test de contrôle de la plastification,
- test de mesure des pertes de charge,
- test de mesure du coefficient de frottement statique,
- étude des encrassements d'évents.

Ces tests permettent une comparaison rigoureuse des matériaux entre eux. Ils présentent un intérêt évident pour la recherche et le suivi de la qualité des fabrications. Leur utilisation est de plus très précieuse pour la validation des études de CAO et la modélisation de la transformation.

Amélioration de la résistance au feu des plastiques techniques

Les matières plastiques sont composées essentiellement d'atomes de C, H, O, N.

Ce sont des composés organiques et, comme les matériaux organiques naturels, ils sont, sous certaines conditions, susceptibles de brûler. La « mesure » de leur « comportement au feu » peut être faite selon un très grand nombre de méthodes qui varient selon les pays.

Test de combustion verticale.

NORME DE MESURE	UL 94 - test vertical
Principe	Mesure du temps de combustion : éprouvettes verticales + flamme pilote.

Éprouvettes échantillons	• Nombre : 5 (par conditionnement).
	• Dimensions (mm) L = 127 l = 12,7 e $\leq$ 12,7.
	• Conditionnement :
	  — 48 h à 23 °C et 50 % HR,
	  — et 7 jours à 70 °C et refroidies pendant 4 h à sec, à température ambiante.

Mode opératoire	Appliquer la flamme deux fois pendant 10 s en mesurant le temps de combustion après chaque application.

Expression des résultats

CLASSEMENT	V-0	V-1	V-2
• Temps de combustion enflammée après chaque application de la flamme	$\leq$ 10 s	$\leq$ 30 s	$\leq$ 30 s
• Durée totale de combustion enflammée après les dix applications de la flamme (5 ép. x 2 appl.)	$\leq$ 50 s	$\leq$ 250 s	$\leq$ 250 s
• Combustion enflammée ou incandescente atteignant la fixation (127 mm)	NON	NON	NON
• Inflammation du coton par coulage de particules enflammées	NON	NON	OUI
• Temps de combustion incandescente après la 2ème application de la flamme	$\leq$ 30 s	$\leq$ 60 s	$\leq$ 60 s
• Pour V-2 seulement, longueur combustion en test HB			$\leq$ 102 mm

APPAREILLAGE (Dimensions en millimètres)

1 : Éprouvette.
2 : Flamme bleue.
3 : Coton.
4 : Déplacements du bec (gouttes qui tombent)

Durant la combustion :
– conserver la cote 9,5 (en déplaçant le bec Bunsen si nécessaire),
– si des gouttes tombent, afin que celles-ci ne tombent pas sur l'orifice du bec, incliner celui-ci à 45° maximum (4) et au besoin, écarter légèrement la flamme de l'éprouvette (5) (maxi : 12,7 mm).

Test UL 94 en cours de réalisation.

> Les additifs retardateurs de flamme agissent de différentes façons :
>
> . La pyrolyse des chaînes polymères fait apparaître des radicaux libres qui les décomposent et, en présence d'oxygène libre, accélèrent le phénomène. Les halogènes des retardateurs de flamme se substituent à ces radicaux et du fait de leur plus grande inertie ralentissent la réaction.
>
> . Le phosphore rouge utilisé dans certaines formules à base de polyamide provoque la création d'un bouclier carboné qui arrête la propagation de la flamme.
>
> . Les composés phosphorés sont supposés agir par catalyse de la décomposition des chaînes en eau et gaz inflammables, qui créent ainsi une couverture inerte.

Un simple coup d'œil à la brochure éditée par Infoplast, en France, permet de s'en convaincre.

Concernant les plastiques techniques, la combinaison pays/types de marchés conduit à un nombre pléthorique de tests de mesure. Toutefois, il existe quelques tests uniformément utilisés pour un **classement relatif des matériaux** en vue d'une présélection.

L'indice d'oxygène et l'**UL 94** en font partie.

Les polymères de base des plastiques techniques sont, selon ces critères, assez bien placés. Mais les exigences sont aujourd'hui plus sévères pour beaucoup d'applications (électrotechnique surtout, automobile et électroménager à un moindre degré). D'où la création de formules à « **comportement au feu amélioré** » par utilisation de différents additifs. Tous les producteurs sont à même d'offrir des formules classées : UL 94 V-O ou d'indice d'oxygène supérieur à 28.

Les polyamides contenant du phosphore rouge, quant à eux, sont très utilisés en électronique et électrotechnique depuis la mise au point de son encapsulation par les composés phénoliques (brevets Rhône-Poulenc) ou le caprolactame (brevets BASF).

Enfin, le polycarbonate peut être amélioré par incorporation d'atomes de brome dans la molécule. Pour cela on ajoute le tetrabromobisphenol A au bisphénol A avant la polymérisation.

Détermination de l'indice d'oxygène.

NORME DE MESURE	ISO 4589
Principe	Recherche de la teneur minimale en oxygène d'un mélange oxygène-azote, permettant d'entretenir la propagation de la combustion (généralement avec flamme).
Éprouvettes échantillons	• Nombre : 10 minimum. • Dimensions (mm) : — NF : L = 80 à 150, l = 10 ± 0,5 e = 4 ± 0,25 • Conditionnement : 48 h à 23 °C et 50 % HR.
Mode opératoire	• Dans une enceinte à teneur en oxygène réglé, appliquer la flamme jusqu'à ce que la section de l'extrémité de l'éprouvette soit en combustion. • Opérer par mesures successives afin de déterminer la teneur minimale en O_2 permettant d'approcher au mieux l'un des deux critères ci-dessous.
Expression des résultats	• Combustion pendant 3 min et sur une longueur < 50 mm. ou combustion pendant < 3 min et sur une longueur de 50 mm. • Indice d'oxygène : $$IO = \frac{100 \times DO_2}{DO_2 + DN_2}$$ DO_2 = débit O_2 et DN_2 = débit N_2 : en ml/seconde.
APPAREILLAGE	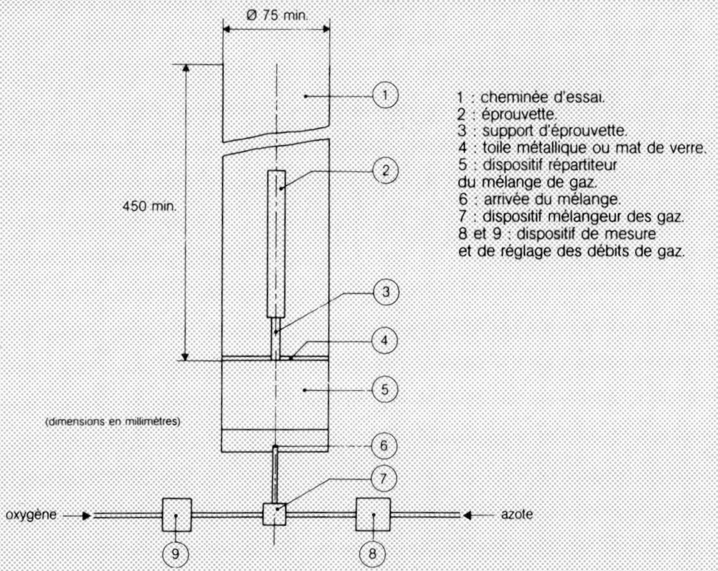 1 : cheminée d'essai. 2 : éprouvette. 3 : support d'éprouvette. 4 : toile métallique ou mat de verre. 5 : dispositif répartiteur du mélange de gaz. 6 : arrivée du mélange. 7 : dispositif mélangeur des gaz. 8 et 9 : dispositif de mesure et de réglage des débits de gaz. (dimensions en millimètres)

Certains de ces **polycarbonates bromés** sont d'ailleurs utilisés comme retardateurs de flamme pour les autres plastiques techniques.

Le comportement au feu des PPO peut également être amélioré par un procédé similaire de copolymérisation avec des dérivés phosphorés.

En résumé

La maîtrise du comportement au feu des plastiques techniques est, aujourd'hui, en grande partie acquise. Cependant, l'équivalence avec les métaux est, dans ce domaine, très loin d'être totale.

Le problème des fumées se pose en effet de façon cruciale. Lorsqu'un incendie se développe au-delà d'un certain seuil, les additifs contenus dans les plastiques techniques à comportement au feu amélioré donnent des produits de pyrolyse. Et ceux-ci peuvent être dangereux, non seulement pour les organismes vivants, mais également pour les matériels.

Il faut cependant noter que certains produits naturels tels que la laine ou certaines essences de bois posent le même type de problèmes.

Les compromis obtenus par les producteurs de plastiques techniques sont acceptables, mais encore insuffisants. **Aussi, l'objectif de la recherche n'est-il plus seulement d'empêcher ou retarder la combustion, mais bien de réduire la toxicité des fumées dégagées en cas de pyrolyse des produits.**

Résistance à la dégradation UV/intempéries

Les polymères techniques exposés aux intempéries sans protection subissent des dégradations. Ces dégradations vont d'une simple changement d'aspect de surface à une perte importante des propriétés. Le polymère absorbe d'abord en surface l'énergie des radiations, principalement dans l'ultraviolet. Les photons absorbés provoquent la formation des radicaux libres puis des réarrangements moléculaires, avec formation de produits de décomposition et de peroxydes. Les coupures de chaînes et la dégradation se poursuivent jusqu'à la ruine du produit. La présence d'eau et d'oxygène accélère les réactions chimiques.

Le mécanisme général ainsi décrit prend des formes particulières suivant les matériaux.

. Dans les PA, la fonction amide est attaquée en premier, avec formation de radicaux libres carboxyles conduisant au CO_2, aux coupures de chaînes et à l'apparition de peroxydes. L'humidité absorbée par les PA joue un rôle positif dans cette dégradation.

. Les radicaux libres formés dans les polycarbonates provoquent des réarrangements de chaîne avec apparition de benzophénones qui donnent la couleur jaune.

. Le polyacétal se décompose également en donnant des peroxydes qui conduisent au formaldéhyde et à l'acide formique, qui accélèrent la dégradation.

. Le PPO non stabilisé se dégrade avec formation d'alcools et d'esters.

. Les polyesters un peu plus stables subissent aussi une dégradation avec décarboxylation et coupures de chaînes.

Les producteurs de plastiques techniques utilisent les nombreux stabilisants disponibles aujourd'hui sur le marché, pour proposer des **formules protégées** pour les emplois extérieurs.

Résistance à la dégradation thermo-oxydante

La dégradation thermo-oxydante

Les polymères techniques sont sensibles à la dégradation thermique comme ils le sont à la lumière

Propriétés des plastiques techniques

Stabilisation UV des plastiques techniques

La parade contre la dégradation UV est calquée sur le mécanisme de dégradation.

1re action possible

Limiter l'absorption de l'énergie UV par l'utilisation :
- de couches protectrices (vernis, peinture),
- du noir de carbone (très bon protecteur et absorbeur) et de certains pigments lorsque cela est possible,
- d'absorbeurs de radiations.

2e action possible

Réduire la cinétique de formation des radicaux libres par l'utilisation :
- d'additifs absorbeurs de radicaux libres,
- de métaux changeant facilement de degré d'oxydation, qui seront préférentiellement attaqués par les radicaux et peroxydes,
- de stabilisants appelés Quencher qui désactivent les chromophores photoexcités pour les ramener à un état stable.

3e action possible

Transformer les hydroperoxydes en composés plus stables par l'utilisation de stabilisants.

En pratique : les formules stabilisées proposées contiennent des compositions mises au point par les producteurs, après de longues études dans les laboratoires (Xenotests ou Wheatherometer) et dans les centres spécialisés d'études d'ensoleillement et intempéries : Bandol en France, Miami en Floride.

Le CNEP (Centre National d'Étude de Photodégradation) à Clermont-Ferrand est spécialisé dans l'étude de ces phénomènes.

et aux ultra-violets. Les effets sont similaires :
- changement de coloration : jaunissement/brunissement ;
- modification de l'aspect de surface : craquelures, poudrage ;
- pertes de propriétés de toute nature : physique, chimique, mécanique, électrique.

Les phénomènes de dégradation sont complexes et encore incomplètement expliqués. L'oxygène et l'eau, dissous dans la matrice, jouent un très grand rôle. C'est pour cela qu'il est préférable de parler de **dégradation thermo-oxydante** plutôt que de thermodégradation seulement.

Mécanismes de la dégradation thermo-oxydante

Le schéma est le suivant :
- activation des molécules sous l'action de l'énergie calorifique avec formation de radicaux libres,
- ces radicaux libres forment, avec l'oxygène et l'eau, des radicaux libres OH très actifs et des peroxydes,
- ces radicaux libres provoquent également des réarrangements moléculaires, avec coupure de chaînes et dépolymérisation, apparition de molécules type benzophénone (responsable de la coloration jaune), d'aldéhydes, de CO_2, etc.

Amélioration de la résistance à la dégradation thermo-oxydante

Sur le plan pratique, on peut considérer deux phases dans la vie d'un plastique technique : sa fabrication et sa transformation en objet fonctionnel, sa vie sous forme d'objet.

1re phase :

Au cours de la fabrication du polymère, des granulés, de l'objet ou pièce fonctionnelle, le polymère subit des contraintes thermiques **fortes** mais de **courte durée**. Les conséquences immédiates ne sont pas très importantes pour les propriétés générales du matériau mais peuvent être très gênantes, voire rédhibitoires pour sa coloration (jaunissement).

2ᵉ phase :

Au cours de la vie d'une pièce, les contraintes thermiques sont généralement **moins élevées** mais elles sont obligatoirement **longues** et peuvent être renforcées par des contraintes mécaniques. Les conséquences sont évidemment dramatiques puisqu'elles aboutissent à la ruine du matériau.

Les parades, les remèdes existent et les producteurs de plastiques techniques savent les utiliser.

Tout d'abord, pendant la première phase de création des objets fonctionnels, il est possible de réduire la part active de l'oxygène dans la dégradation en le supprimant : toute fusion ou refusion de polymère peut être faite sous atmosphère neutre (azote, argon par exemple) et complétée par un dégazage sous vide du polymère fondu. De plus, l'incorporation d'un antioxygène de types **phosphites organiques** ou **phénols encombrés** diminue les phénomènes de jaunissement durant cette phase.

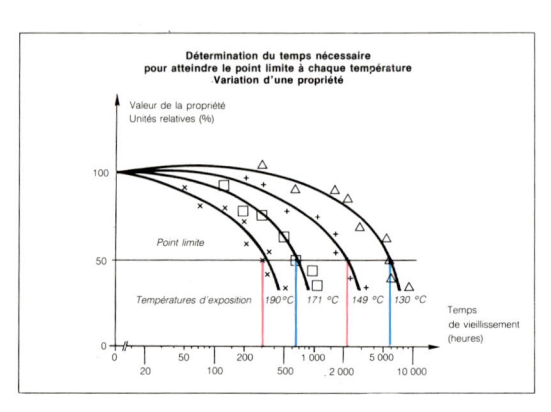

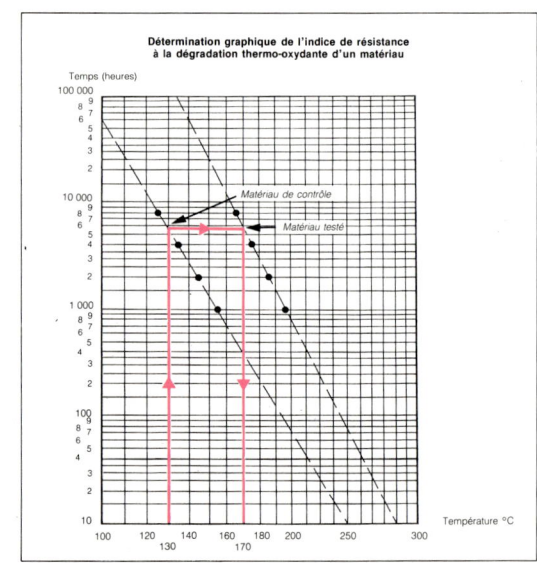

Ces molécules doivent cependant être stables aux températures de transformation et surtout pendant la préparation des polymères qui est longue et se déroule à haute température.

Par ailleurs, pour le maintien des propriétés à long terme des pièces devant travailler sous contraintes mécaniques et en température, il est nécessaire d'incorporer des additifs chimiques. Leur rôle sera de :
. limiter le rôle de l'oxygène : amines aromatiques, phosphites anti-oxydants, phénols encombrés,
. détruire ou atténuer l'efficacité des radicaux libres présents dans le milieu : ions métalliques, quenchers,
. réduire les hydropexoxydes : ions métalliques.

De nombreux additifs antioxydants existent sur le marché et tous les producteurs de plastiques techniques ont à leur gamme des formules dites « protégées chaleur ». Elles résultent généralement de la combinaison de plusieurs modes d'action : phénols encombrés + phosphites + ions métalliques, ou le très efficace couple **iode/cuivre** utilisé depuis longtemps pour les PA en dépit de la coloration qu'il apporte, due aux sels de cuivre.

Coloration des plastiques techniques

Les polymères de base des plastiques techniques sont en général blancs, translucides ou transparents. Les additifs modifient plus ou moins cette couleur dite naturelle. Il est facile de les colorer afin d'en améliorer la présentation.

Les procédés de coloration sont la teinture en bain et la coloration dans la masse (le plus souvent utilisé). On introduit les colorants soit au moment de la fabrication des granulés, soit directement sur les presses d'injection-moulage.

Divers

Parmi les nombreuses formulations de plastiques

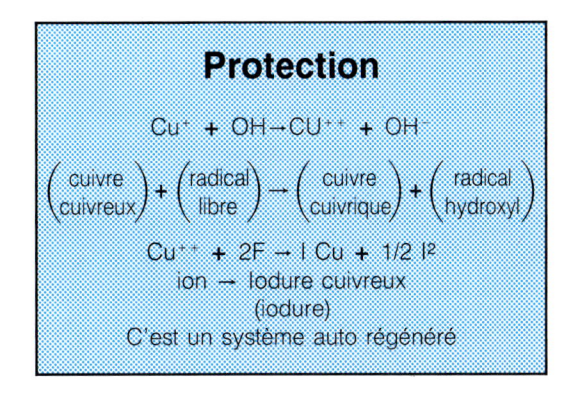

Protection

$$Cu^+ + OH \rightarrow Cu^{++} + OH^-$$

$$\begin{pmatrix} \text{cuivre} \\ \text{cuivreux} \end{pmatrix} + \begin{pmatrix} \text{radical} \\ \text{libre} \end{pmatrix} \rightarrow \begin{pmatrix} \text{cuivre} \\ \text{cuivrique} \end{pmatrix} + \begin{pmatrix} \text{radical} \\ \text{hydroxyl} \end{pmatrix}$$

$$Cu^{++} + 2I^- \rightarrow I Cu + 1/2\ I^2$$

ion → Iodure cuivreux
(iodure)
C'est un système auto régénéré

techniques, mises au point pour des applications très spécifiques, certaines présentent des **propriétés particulières**. Pour exemples, il convient de citer :

Formulation pour pièces autolubrifiantes

Le polymère de base (PA par exemple) est associé à du graphite ou du bisulfure de molybdène. La formulation sert entre autre à la fabrication de paliers de moteurs.

Formulation pour capots d'appareils

Le polymère est associé à des noirs de carbone conducteurs afin que puissent s'éliminer les charges électrostatiques qui se forment en surface des capots.

Formulation pour pièces magnétiques

Le polymère est associé à des ferrites, l'ensemble étant moulé à la forme recherchée pour constituer des **aimants** permanents fixes ou mobiles.

LA TRANSFORMATION DES PLASTIQUES TECHNIQUES

Parmi les nombreux atouts que possèdent les plastiques techniques dans la compétition avec le métal, on trouve en bonne place leur excellente aptitude à la transformation avec possibilités d'intégration de fonctions différentes dans une même pièce, ainsi que les facilités d'assemblage.

De plus, la précision des cotes des pièces obtenues par moulage ne cesse, quant à elle, de s'améliorer.

Ce qui permet l'automatisation de la fabrication et de l'assemblage des pièces, les grandes séries et les faibles coûts (particulièrement si l'on calcule les coûts intégrés, matières premières comprises) de pièces obtenues souvent « prêtes à l'emploi » en une seule opération d'injection-moulage.

C'est ce que demandent, en plus des performances techniques, les grands marchés de l'automobile et des transports, de l'électromécanique et de l'électronique.

LE MOULAGE PAR INJECTION

C'est le mode de transformation qui présente les meilleurs avantages pour les plastiques techniques.

Présentation générale

Le moulage par injection consiste à fondre des granulés, donner à la matière fondue une forme fonctionnelle dans un moule et obtenir, après refroidissement, l'objet recherché. Chaque fonction est remplie par une partie de la machine.

L'alimentation

Les granulés sont introduits dans une trémie en charge sur la vis de l'ensemble de plastification. Cette trémie peut être très simple (un entonnoir réservoir) ou être munie d'un système qui permet le séchage des granulés juste avant l'emploi. Cette opération est fortement recommandée pour les PET et PBT qui sont hygroscopiques (reprise d'eau au stockage) et très sensibles à l'hydrolyse à l'état fondu. Pour eux une trémie double-dessicateur est recommandée.

La plastification

Opération de fusion. Les granulés sont entraînés par une vis vers l'avant de la machine et fondent sous l'action des calories apportées à la fois par les éléments chauffants du fourreau et par effet mécanique de cisaillement. La vis recule en tournant et dégage ainsi un espace réservoir de matière fondue entre la **buse** (nez du fourreau) et le **clapet** (nez de la vis).

L'injection

La réserve de matière fondue (matelas) est poussée à travers la buse dans le moule par le déplacement de la vis vers l'avant, clapet verrouillé. La vis joue ainsi le rôle de piston. La matière pâteuse s'écoule dans le moule à travers le **seuil d'injection** et les **canaux** d'alimentation jusqu'à la cavité ou **empreinte** qui a la forme de la pièce recherchée. L'empreinte est munie de petits orifices de communication avec l'extérieur du moule appelés **évents**. L'air et les gaz volatils, dégagés par le front de matière progressant dans l'empreinte, peuvent ainsi s'échapper. Dans le cas contraire, il y aurait compression puis explosion par effet diesel du mélange gazeux. Cette explosion appelée « coup de feu » endommagerait la pièce.

Le maintien, le refroidissement

Le maintien correspond à un temps pendant lequel la matière est maintenue sous forte pression dans le moule pour éviter les retassures. Le refroidissement se fait par évacuation des calories, grâce à l'incorporation, dans les parois métalliques du moule, de canaux dans lesquels circule un fluide à la température contrôlée ; selon les plastiques techniques transformés cela peut être de l'eau, de l'eau sous pression (PA-PBT) ou un fluide caloporteur adapté à la température recherchée (PET-PC-Pacétal).

L'éjection

Lorsque la pièce a repris une rigidité suffisante, le moule s'ouvre et les tiges métalliques **(éjecteurs)** poussent la pièce à l'extérieur.

Le « cycle »

Les presses à injecter sont automatiques. Les paramètres du matériau, de la machine et de la pièce déterminent un cycle de production. Il est caractérisé par les opérations suivantes :
- plastification,
- injection,
- maintien,
- refroidissement,
- ouverture/éjection,
- fermeture.

Pour des raisons économiques ce cycle doit être le plus court possible. Les constructeurs s'efforcent de faire le plus d'opérations en **temps masqué**.

Mais le rendement ne dépend pas seulement du cycle. Les exigences de la qualité, le respect du cahier des charges, le respect des cotes peuvent entraîner des refus. Les presses modernes sont équipées d'asservissements et de microprocesseurs qui assurent à la fois une bonne reproductibilité et une bonne fiabilité.

La conception des moules et des pièces

Cette conception est aujourd'hui le fruit de la collaboration de quatre partenaires principaux :
- le concepteur utilisateur
- le fabricant de la pièce ou de l'objet
- le producteur de plastiques techniques
- le mouliste

L'objectif est simple et ambitieux : produire des pièces techniques de hautes performances au moindre coût.

Les grands principes sont connus des bureaux d'études et font l'objet de traités, de notices et manuels détaillés, fournis abondamment par les producteurs de plastiques techniques. Les efforts d'aujourd'hui portent sur l'optimisation de l'ensemble et s'appuient largement sur la simulation et la CAO (Conception Assistée par Ordinateur). En effet, des programmes de modélisation sont aujourd'hui très au point qui permettent de déterminer avec une grande précision :
- la forme générale de la pièce,
- l'épaisseur optimale des parois pour une matière donnée et un coefficient de sécurité donné,
- la forme et le diamètre optimal des canaux d'alimentation du moule ainsi que le nombre et la position des points d'injection.

Des programmes plus ambitieux encore sont en cours d'élaboration. Ils visent à tenir compte des propriétés à long terme des plastiques techniques.

La progression se fait naturellement au rythme des

Presse de moulage par injection à piston

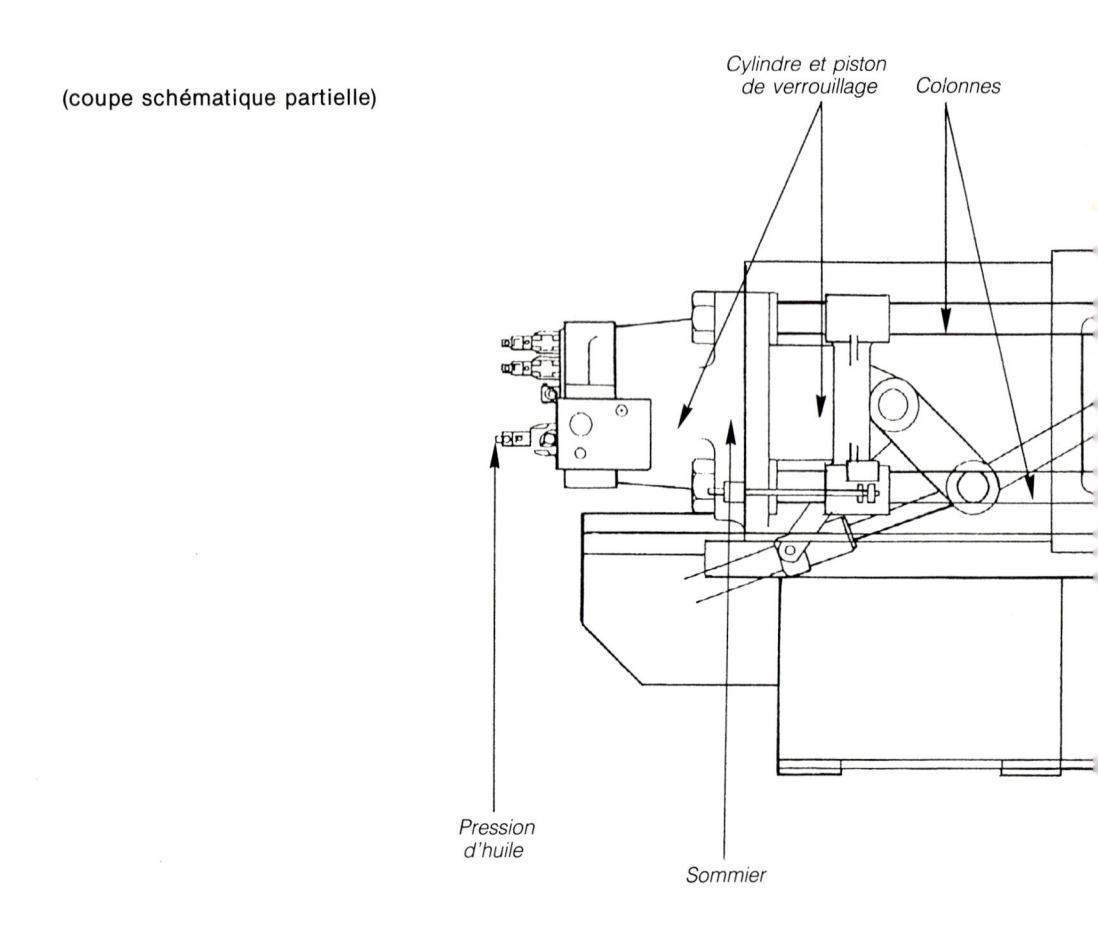

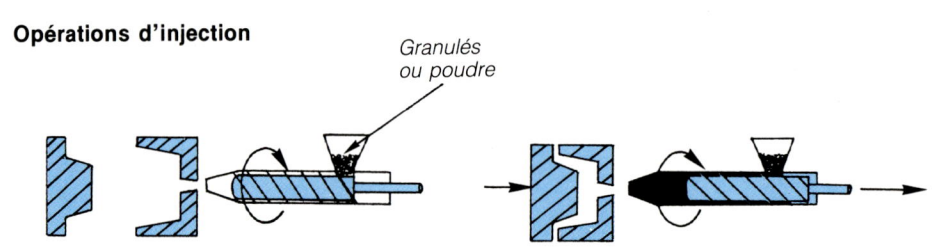

(coupe schématique partielle)

Cylindre et piston de verrouillage

Colonnes

Pression d'huile

Sommier

Opérations d'injection

Granulés ou poudre

❶ Moule ouvert, Alimentation du cylindre

❷ ❸ Fermeture du moule et verrouillage
Recul de la vis et tassement
de la matière plastifiée à l'avant du cylindre

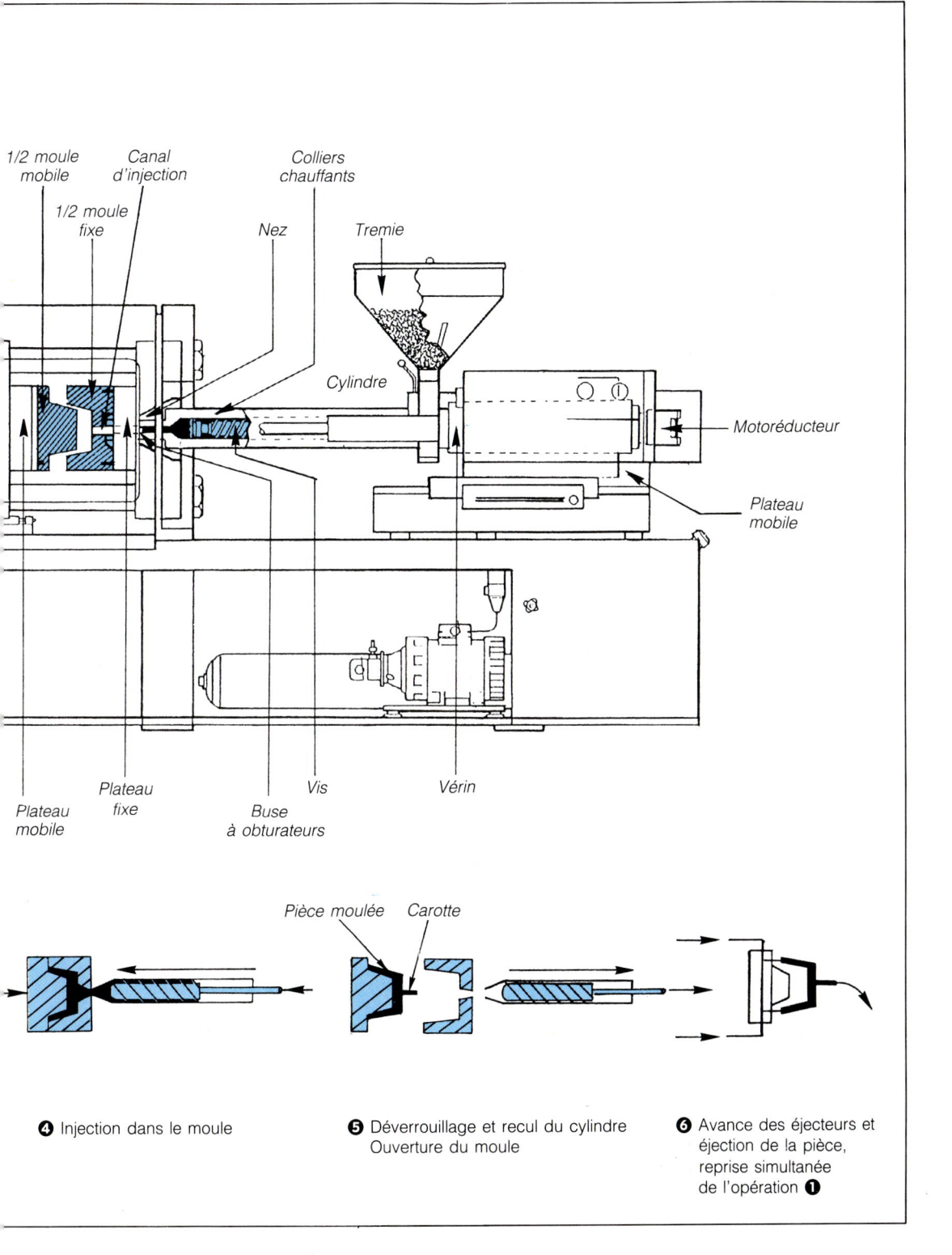

La transformation des plastiques techniques

1/2 moule mobile	
1/2 moule fixe	
Canal d'injection	
Nez	
Colliers chauffants	
Tremie	
Cylindre	
Motoréducteur	
Plateau mobile	
Plateau mobile	
Plateau fixe	
Buse à obturateurs	
Vis	
Vérin	

Pièce moulée — Carotte

❹ Injection dans le moule

❺ Déverrouillage et recul du cylindre
Ouverture du moule

❻ Avance des éjecteurs et éjection de la pièce, reprise simultanée de l'opération ❶

Création à l'écran par CAO d'une pièce pour automobile.

connaissances acquises dans tous les domaines concernés : informatique, propriétés des matériaux, lois de comportement à l'état solide comme à l'état liquide.

Le moulage par injection bi-matière

Ce type de transformation n'est qu'un cas particulier de l'injection multi-point/multi-matières.

Elle consiste à injecter un premier matériau qui formera l'extérieur de la pièce (peau) puis, à l'intérieur de celui-ci, un deuxième matériau qui sera l'ossature de la pièce proprement dite (cœur).

La presse à injecter est alors équipée de deux vis fourreau pour plastifier les matériaux, de clapets et d'un système précis de commutation pour les injections successives. Ce système est utilisé dans le cas où la pièce doit présenter des propriétés mécaniques spéciales ou une stabilité dimensionnelle particulière (apportées par le matériau à cœur), combinées à un bon aspect extérieur, un coefficient de frottement faible (ou au contraire élevé), une bonne réflectance, etc.

INJECTION MOULAGE PAR NOYAUX FUSIBLES

Le principe est celui du moulage à cire perdue pour pièces creuses. Adapté aux plastiques techniques, il devient le suivant :

1re phase :

Moulage de noyaux qui correspondent à ce qui sera l'intérieur de la pièce. La matière utilisée est un alliage métallique à bas point de fusion.

2e phase

Introduction de ces noyaux dans le moule de la pièce.

3e phase :

Injection de plastiques techniques autour des noyaux et démoulage de l'ensemble « pièce+noyau ».

4e phase :

Fusion des noyaux par un traitement thermique approprié.

Cette technique est appliquée pour la fabrication de pièces à corps creux de formes complexes ou pour les pièces qu'il est impossible de fabriquer en deux ou plusieurs parties assemblées par les procédés habituels.

TRANSFORMATION PAR EXTRUSION

Principe

Les grandes phases de la transformation se retrouvent sous la forme suivante :

Fusion

Les granulés sont introduits dans une trémie qui alimente en charge une vis d'extrudeuse. Ils sont fondus entre la vis et son fourreau grâce aux calories apportées par les éléments chauffants et par effet mécanique de cisaillement.

Mise en forme

La matière fondue est extrudée à travers une filière qui donne la forme définitive au produit, ou une préforme qui sera parachevée dans un **conformateur**. Le produit est alors refroidi sous l'action d'un fluide (air, eau, etc.).

Application

La transformation par extrusion sert généralement à la fabrication de semi produits (joncs, tubes pleins ou creux qui permettront par exemple l'usinage des pièces (polycarbonates, polyacétals, polyamides) et plus rarement des profilés spéciaux.

L'extrusion des pièces à parois épaisses (à l'encontre de la fabrication de fils et monofilaments) nécessite des viscosités élevées. Certains grades sont réservés à ce type d'application.

Corps de pompe en polyamide 66 (PA 66) obtenu par la technique du noyau fusible.

Profilés électriques extrudés en polyphénylène oxyde (PPO).

Remarque

Il faut citer pour mémoire **l'extrusion-soufflage** réalisée à partir des plastiques techniques et qui englobe en particulier toutes les fabrications pour bouteilles et flaconnages. Cette catégorie n'entre cependant pas pour le moment dans les applications techniques au sens où nous l'entendons ici.

Assemblage des plastiques techniques

En marge de ce chapitre sur la transformation des plastiques techniques, il convient de parler des techniques d'assemblage qui en sont complémentaires.

C'est en effet un point fort des plastiques techniques par rapport aux métaux.

Les notices spécifiques des producteurs donnent tous les détails nécessaires pour réussir de bons assemblages de pièces en PT. Tous se prêtent aux techniques ci-dessous si l'on suit les conseils de ces notices.

Assemblage mécanique

Le plus utilisé est sans doute **l'enclipsage** qui met à profit les propriétés élastiques des PT. Ces assemblages sont de conception facile et d'utilisation très rapide (montages automatiques sur chaînes de fabrication).

L'assemblage par vis autotaraudeuses est fréquemment employé pour les petits matériels (électroménager, électrotechnique).

Pour des efforts plus importants, lorsque le fluage du matériau est à craindre, on peut utiliser les **inserts métalliques.** Leur pose est très facile soit par surmoulage, soit par ultrasons.

Soudage

La fusion des couches superficielles des deux pièces à assembler permet aisément le collage après

Support enclipsable de câble moulé en polyamide (PA).

refroidissement. La fusion peut être provoquée par ultrasons, par frottement, etc. Ces matériels peuvent facilement être intégrés dans les chaînes de montage de sous-ensembles.

Le soudage présente le très grand avantage de permettre la réalisation de boîtiers étanches. D'où les nombreuses applications en **fonction réservoir** et en **fonction isolation** (isolations électriques, protection de mécanismes contre les agressions extérieures chimiques ou poussières, etc.).

Collage

Les collages sont possibles mais délicats. Il convient d'employer l'adhésif approprié recommandé par les producteurs. Il peut s'agir de solutions du polymère de base dans des mélanges de solvants. Les adhésifs classiques (cyanoacrylates, époxydes, uréthannes, silicones) donnent généralement de bons résultats.

Autres systèmes d'assemblage

Rivetage par fusion, **emmanchement** par force sur métal sont également utilisés.

LES APPLICATIONS DES PLASTIQUES TECHNIQUES

Les applications des plastiques techniques sont si nombreuses qu'il n'est pas possible d'en faire une présentation exhaustive.

Le succès industriel de ces matériaux est lié au couple « propriété/prix », particulièrement avantageux.

Propriétés

Les propriétés naturellement bonnes des polymères de base peuvent être encore sensiblement améliorées par le choix judicieux des additifs de renfort et l'optimisation des compositions.

Prix

Les matières premières sont toutes très accessibles et la transformation facile permet la production en grandes séries de pièces relativement peu chères.

Les plastiques techniques s'adaptent de ce fait à un très grand nombre d'utilisations. Nous les rencontrons quotidiennement, soit discrètement dissimulés (tels les pignons d'un appareil ménager) soit au contraire bien visibles (comme les feux arrières d'un automobile).

En termes économiques, on dit qu'ils sont très présents sur les grands marchés comme l'électricité, l'électrotechnique, l'électronique, l'automobile et les moyens de transport, l'industrie en général et l'industrie chimique en particulier, l'électroménager et l'outillage, les loisirs.

Au-delà de sa compétitivité (au niveau des prix) et de la satisfaction du cahier des charges, le choix d'une solution « plastiques techniques » plutôt que « métallique » est très souvent dû au **« plus »** qu'elle apporte, selon les cas :
. le gain de poids,
. le meilleur aspect de surface,
. la coloration dans la masse,
. le raccourci des chemins de fabrication, la pièce étant obtenue directement au moulage sans qu'il soit besoin d'opération de finissage, ni d'assemblage,
. la résistance à la corrosion,
. etc.

Dans les tableaux suivants, sont donnés quelques exemples d'applications classées selon les marchés principaux. Les raisons techniques majeures ayant présidé à leur choix y sont indiquées. Il n'est pas fait mention du coût, car c'est un paramètre qui est systématiquement pris en compte. Dans les exemples cités lorsqu'il y avait compétition avec les métaux, ce paramètre était favorable à la solution plastique.

L'analyse de ces tableaux montre par ailleurs que plusieurs types de plastiques techniques peuvent satisfaire la même application. Et les raisons en sont nombreuses : équivalence des produits sur l'exigence principale du cahier des charges, habitudes du transformateur ou de l'utilisateur/concepteur pour l'emploi de tel ou tel matériau, paramètres commerciaux (prix-relation avec fournisseurs) influençant le choix entre plusieurs matériaux équivalents, etc.

EXEMPLE D'APPLICATIONS

Marché : Électrique - électronique - électrotechnique

Type d'applications	Rigidité	R. au choc	Stabilité dimensionnelle	Dureté	Coefficient Frottement	Isolation	Résistance à l'arc	Comportement au feu	Tenue en température	Tenue aux UV Intempéries	R. à l'eau	R. solvants	R. aux huiles et graisses	R. à la corrosion	Transparence	Aspect de surface	Poids	P. amides	P. carbonates	P. acétal	PPO modifié	PBT P. esters PET
Barettes de correction		X	X			X		X										X	X			X
Interrupteurs Commutateurs	X					X	X	X										X	X			X
Disjoncteurs Blocs de jonction		X	X			X	X	X	X									X	X			X
Bobines-solénoïdes Carcasse transformateurs			X			X	X	X	X									X				X
Flasques de moteurs Gaines câbles	X	X				X		X						X				X				X
Boîtiers outillage électrique Supports moteurs électriques	X	X	X			X	X	X	X					X			X	X	X		X	X
Boîtiers, capots Boîtiers transparents	X X	X X	X X			X X	X								X		X	X	X X			X
Éléments de tableaux synoptiques	X		X			X X	X	X X								X		X	X		X	
Douilles, réflecteurs, lampes	X	X				X X	X	X X	X								X	X	X		X	X

Marché : Automobile (sous capot)

Type d'applications	Rigidité	R. au choc	Stabilité dimensionnelle	Dureté	Coefficient Frottement	Isolation	Résistance à l'arc	Comportement au feu	Tenue en température	Tenue aux UV Intempéries	R. à l'eau	R. solvants	R. aux huiles et graisses	R. à la corrosion	Transparence	Aspect de surface	Poids	P. amides	P. carbonates	P. acétal	PPO modifié	PBT PET P. esters
Boîtes à eau de radiateurs Refroidissement, chauffage	X	X	X						X		X			X			X	X				
Ventilateurs de refroidissement	X	X	X						X									X				
Ensemble support vase d'expansion et manches à air	X	X	X						X									X	X			
Tubes et manches à air pour filtres et ventilation	X	X							X					X				X				
Têtes d'allumeur, caisses de bougies, pièces d'allumeurs			X			X	X	X													X	
Pièces en contact avec les carburants, jauge, flotteur, clapets, pièces carburateurs			X									X	X	X			X				X	
Tubes semi-rigides, pompes carburants			X									X	X	X						X	X	X
Pignon de tachymètres		X	X		X								X	X			X	X				X
Carters de courroies		X	X					X					X	X			X	X				X

Les applications des plastiques techniques

Marché : Automobile (habitacle, extérieur)

Type d'applications	Raisons majeures du choix d'un PT (hors coût) — Propriétés mécaniques					Prop. élect.		Feu	Propriétés à long terme					Divers			Domaine privilégié de				
	Rigidité	R. au choc	Stabilité dimensionnelle	Dureté	Coefficient Frottement	Isolation	Résistance à l'arc	Comportement au feu	Tenue en température	Tenue aux UV Intempéries	R. à l'eau	R. solvants	R. aux huiles et graisses	R. à la corrosion	Transparence	Aspect de surface	Poids	P. amides	P. carbonates	P. acétal	PPO modifié	PBT esters PET
Enjoliveurs de roues	×	×	×						×					×			×	×				
Grille de calandre / Grille d'auvent	×	×	×													×		×			×	
Parechocs, jupes	×	×												×			×	×			×	
Poignées de portière	×		×											×		×	×	×	×		×	
Balais d'essuie-glace	×		×			×				×	×						×	×		×		×
Moteurs d'essuie-glace		×	×						×								×					×
Pignons divers		×			×								×				×	×		×		×
Tubes semi-rigides Air comprimé		×											×					×				

67

Marché : Automobile (habitacle, extérieur)

Type d'applications	Raisons majeures du choix d'un PT (hors coût)																	Domaine privilégié de				
	Propriétés mécaniques					Prop. élect.		Feu	Propriétés à long terme						Divers			P. amides	P. carbonates	P. acétal	PPO modifié	PBT P. esters PET
	Rigidité	R. au choc	Stabilité dimensionnelle	Dureté	Coefficient Frottement	Isolation	Résistance à l'arc	Comportement au feu	Tenue en température	Tenue aux UV Intempéries	R. à l'eau	R. solvants	R. aux huiles et graisses	R. à la corrosion	Transparence	Aspect de surface	Poids					
Pièces de serrure	X	X	X		X															X		
Rétroviseurs	X	X								X	X							X				
Supports divers	X	X	X															X				
Feux arrières Lentilles de phare		X	X											X	X	X	X		X			
Clef de batterie			X			X			X					X					X			
Boîtiers d'optique de projecteurs	X	X	X														X		X	X		
Ouïes de ventilation	X															X	X	X	X		X	X

68

Les applications des plastiques techniques

Marché : Transports

Type d'applications	Raisons majeures du choix d'un PT (hors coût)																			
	Propriétés mécaniques					Prop. élect.		Feu	Propriétés à long terme						Divers			Domaine privilégié de				
	Rigidité	R. au choc	Stabilité dimensionnelle	Dureté	Coefficient Frottement	Isolation	Résistance à l'arc	Comportement au feu	Tenue en température	Tenue aux UV Intempéries	R. à l'eau	R. solvants	R. aux huiles et graisses	R. à la corrosion	Transparence	Aspect de surface	Poids	P. amides	P. carbonates	P. acétal	PPO modifié	PBT P. esters PET
Supports isolants pour rail/traverses en béton	×		×			×							×					×				
Poulies	×	×	×															×		×		
Tubes transports fluides									×		×	×		×				×				
Profilés supports pour câbles électriques	×					×		×		×									×			
Grilles de projection sur voitures TGV	×	×														×	×	×				

Marché : Industries

Type d'applications	Rigidité	R. au choc	Stabilité dimensionnelle	Dureté	Coefficient Frottement	Isolation	Résistance à l'arc	Comportement au feu	Tenue en température	Tenue aux UV Intempéries	R. à l'eau	R. solvants	R. aux huiles et graisses	R. à la corrosion	Transparence	Aspect de surface	Poids	P. amides	P. carbonates	P. acétal	PPO modifié	P. esters PBT PET
Galets de chariots		X			X									X			X	X				
Accessoires de sécurité — lunettes, casques — panneaux projecteurs	X	X													(X)		X	X	(X)		X	
Pignons, roues dentées		X	X		X				X				X	X			X	X		X		
Cages de roulements à billes		X			X				X				X	X			X	X		X		
Raccords de tuyauterie	X	X									X	X	X	X	X		X	X		X		
Tubes flexibles										X	X	X	X	X	X			X				
Accessoires machines agricoles d'épandage	X	X	X								X	X	X	X			X	X	X			
Chaînes articulées, porte câble	X	X			X								X					X				

Domaine privilégié de : P. amides, P. carbonates, P. acétal, PPO modifié, P. esters PBT PET

Raisons majeures du choix d'un PT (hors coût)

Marché : Électroménager

Raisons majeures du choix d'un PT (hors coût)		Corps d'appareils électriques-électroménagers	Poignées d'appareils chauffants	Réservoirs à eau, fer à repasser	Bols de mixer... + transparence
Propriétés mécaniques	Rigidité	X	X	X	XX
	R. au choc	X			XX
	Stabilité dimensionnelle				
	Dureté				
	Coefficient Frottement				
Prop. élect.	Isolation	X	X		
	Résistance à l'arc				
Feu	Comportement au feu		X		
Propriétés à long terme	Tenue en température		X	X	
	Tenue aux UV Intempéries				
	R. à l'eau			X	XX
	R. solvants				
	R. aux huiles et graisses				XX
	R. à la corrosion				
Divers	Transparence			X	X
	Aspect de surface	X	X		XX
	Poids	X	X		XX
Domaine privilégié de	P. amides	X	X		X
	P. carbonates	X	X	X	XX
	P. acétal				
	PPO modifié				
	PBT P. esters PET	X	X		

Marché : Loisirs

Type d'applications	Propriétés mécaniques					Prop. élect.		Feu	Propriétés à long terme						Divers			Domaine privilégié de					
Raisons majeures du choix d'un PT (hors coût)	Rigidité	R. au choc	Stabilité dimensionnelle	Dureté	Coefficient Frottement	Isolation	Résistance à l'arc	Comportement au feu	Tenue en température	Tenue aux UV Intempéries	R. à l'eau	R. solvants	R. aux huiles et graisses	R. à la corrosion	Transparence	Aspect de surface	Poids	P. amides	P. carbonates	P. acétal	PPO modifié	PBT P. esters PET
Pièces de fixation de ski	X	X																X		X		
Roues de bicyclettes tous terrains	X	X	X													X	X	X				
Joints de Wishbone et pièces diverses planche à voile	X	X			X						X							X		X		
Carters garde-boue motos	X	X														X	X	X				
Châssis patins à roulettes Supports lames patins à glace	X	X												X			X	X				
Disques compacts		X	X													X	X		X			
Boîtiers appareils photo		X	X													X	X		X			

Les applications des plastiques techniques

Marché : Divers

Type d'applications	Raisons majeures du choix d'un PT (hors coût) — Propriétés mécaniques					Prop. élect.		Feu		Propriétés à long terme					Divers			Domaine privilégié de				
	Rigidité	R. au choc	Stabilité dimensionnelle	Dureté	Coefficient Frottement	Isolation	Résistance à l'arc	Comportement au feu	Tenue en température	Tenue aux UV Intempéries	R. à l'eau	R. solvants	R. aux huiles et graisses	R. à la corrosion	Transparence	Aspect de surface	Poids	P. amides	P. carbonates	P. acétal	PPO modifié	PBT P. esters PET
Réservoirs de briquets jetables		X	X									X					X	X		X		
Vitrages de protection		X													X				X			
Éléments d'assemblage : — clips, agrafes, crochets		X			X													X		X		
Lampes d'éclairage de voirie Éclairage de secours		X	X			X				X					X				X			
Ameublement : — Piétements de siège — Galets, charnières	X	X	X														X				X	
Valves d'aérosols			X		X							X	X	X			X	X		X		

73

PERSPECTIVES

Quel avenir pour les plastiques techniques ? Toutes les études économiques affichent un bel optimisme sur le sujet. Considérant leur développement rapide et continu durant ces vingt dernières années, on leur prédit des taux de croissance élevés (certains à deux chiffres) pour la décade à venir. Bien sûr, comme dans toute extrapolation, les risques d'erreur existent. Mais les raisons de croire que ces risques sont faibles ne manquent pas. La demande restera forte pour les plastiques techniques qui auront toutes possibilités pour y répondre favorablement.

LA DEMANDE
Ses origines

Tous les marchés concernés par les plastiques techniques sont des marchés « porteurs » :
. l'électrotechnique, l'électronique poursuivent le remplacement des matériaux traditionnels tels que verre, céramique, plastiques thermodurcissables ; et les plastiques techniques prennent la relève ;
. l'automobile, puissant moteur de l'économie mondiale, accélère le remplacement des métaux par des plastiques techniques dans tous les secteurs : habitacle, compartiment moteur, pièces extérieures et de carrosserie ;
. le marché des transports, chemin de fer, bus et camions suit de très près l'automobile dans ses innovations ;
. l'électroménager possède une grande expérience de l'utilisation des plastiques techniques qui l'incite à élargir le champ de leurs applications, et à exiger d'eux des performances accrues ;
. le marché des loisirs est relativement moins consommateur de plastiques techniques que les précédents. Mais c'est un marché très jeune et sa croissance est régulière.

Sa nature

Des tendances qui se dégagent aujourd'hui vont clairement vers la spécification matériau/application.
La conséquence directe est que **les cahiers des charges** se compliquent alors que, dans le même temps, les niveaux de performances exigées s'élèvent.
Les points essentiels sont :
. tenue en température de plus en plus élevée,
. compromis rigidité/choc à améliorer,
. prix plus faible,
. facilité de transformation à accroître et à fiabiliser,
. aspect et design de la pièce : le souci d'esthétique entre dans la pièce technique (modélistes et stylistes de l'automobile par exemple),
. matériau « propre » ; c'est-à-dire écologique.

LA RÉPONSE DES PLASTIQUES TECHNIQUES

Face à cette demande qui ne cessera d'être forte et exigeante, les plastiques techniques ont de sérieux atouts, analysés ici sous deux aspects :
. les atouts des matériaux,
. les facteurs positifs d'accompagnement.

Les atouts des matériaux

Tout d'abord les **Cinq Grands** : leurs propriétés d'aujourd'hui sont encore perfectibles. Les fibres de renfort, aramides, métalliques, céramiques (en particulier la nouvelle fibre en carboniture de silicium de Rhône-Poulenc « Fibéramic ») commencent seulement à être utilisées. La connaissance de plus en plus grande des mécanismes de dégradation de

Les thermoplastiques et l'avenir

		Simplicité de fabrication	Facilité de transformation	Prix	Propriétés thermiques	Taux de croissance estimé années 1990
Polymères à hautes performances	PI PSU PPS PAI PEEK PAR LCP FLUORES	**	**	*	****	12-16 %
Plastiques techniques	PA PC POM PPOMod PETP PBTP	***	***	**	***	8-12 %
Intermédiaires	ABS SAN ACRYLIQUES	***	***	***	**	4-6 %
Plastiques de commodité	PE PP PS PVC	****	****	****	*	2-4 %

toute nature et les progrès de la synthèse organique permettront la mise au point de formules à durée de vie augmentée. Les températures d'utilisation en continu seront plus élevées. Il en sera de même pour le comportement au feu. Ces améliorations permettront aux 5 grands de s'adapter et de prendre de nouvelles parts de marchés. Ce développement devra compenser, et au-delà, les pertes d'applications cédées à des polymères moins techniques qui eux-mêmes s'améliorent (PP par exemple).

Les alliages, qui n'ont réellement fait l'objet de recherche que dans le courant des années 1980, vont apparaître en grand nombre et ouvrir de nouveaux champs d'applications (carrosserie auto).

Les nouveaux polymères techniques : PA semi-aromatiques, PEI, PES, PEEK, LCP font leurs premiers pas sur les marchés techniques. Nul doute que leurs défauts de jeunesse (prix en particulier) disparaîtront rapidement. Les LCP sont, en quelque sorte, les premiers polymères auto-renforcés. La mise au point de procédés spécifiques de transformation est en cours.

Ainsi, au niveau de la nature des matériaux seulement la réponse à la demande du marché existera : grande diversité, adaptation rapide.

Les facteurs positifs d'accompagnement

Ce sont tous les systèmes qui vont favoriser chacune des fonctions de la chaîne, depuis la conception et le choix du matériau jusqu'au montage de la pièce finie.

La mise au point d'une nouvelle composition (polymère + renforts + additifs, etc.) est longue et coûteuse. La mise en place de « systèmes experts » dans les laboratoires d'application des producteurs, confortera les choix et diminuera sensiblement les durées de mise au point.

Les extrudeuses de fabrication s'adapteront aux formules complexes et seront de plus en plus dotées d'appareils de contrôle pour assurer la qualité des produits : niveau et constance.

Les logiciels de simulation de calcul de pièces commencent seulement une carrière prometteuse. Grâce à eux, le rapport performances/poids s'améliore. L'effet immédiat est la diminution de consommation de matière. Mais l'effet à plus long terme est l'ouverture de nouveaux champs d'applications.

La technologie de transformation évolue très rapidement. Le procédé le plus utilisé, le moulage par injection, bénéficie de l'informatique : le temps n'est plus éloigné où la chaîne sera continue depuis le calcul de la pièce, optimisée par simulation, jusqu'à la fabrication automatique du moule sur machine transfert. Le gain de temps sera considérable non seulement en conception-fabrication, mais en économie de reprises pour ajustement des moules.

De nouvelles techniques de mise en œuvre ouvriront aux plastiques techniques l'accès aux pièces de grandes dimensions (automobile-électrotechnique).

L'estampage de plaques extrudées à partir de formules adaptées, l'injection dans le moule de préproduits catalysés, pour que la réaction de polymérisation s'achève *in situ* sont des exemples de ces nouvelles techniques.

L'injection multi-matière progresse rapidement. Elle permet de tirer parti des propriétés intrinsèques de chacun des matériaux utilisés dans les pièces multicouches avec possibilité de synergie.

Il est ainsi raisonnable de penser que l'avenir des plastiques techniques est assuré.

BIBLIOGRAPHIE

CHAMPETIER (G.) : *Chimie macromoléculaire*. Hermann.
BOST (J.) : *Matières plastiques*. Techniques et Documentation.
MELVIN I KOHAN : *Nylon Plastics*. John Wiley et Fils, NY.
MM. TROTTIGNON, VERDU, PIPEROT, DOBRACZYNSKI : *Précis de Matières plastiques*. Nathan.

GACHTER/MULLER : *Plastics Additives*. Hanser Publishers.
M. BIRON : *Les Thermoplastiques*. LRCCP.

Revues

Plastiques Modernes et Élastomères
European Plastics News
Revista des Plasticos Modernos

Encyclopédies

Encyclopedia of polymer science and engineering.
Encyclopedia of polymer science and Technology.
Modern Plastics Encyclopedia.

Brevets. (DERWENT)

Notices Techniques des producteurs de PT.

Documentation interne Rhône-Poulenc.

ABREVIATIONS

ABS : acrylonitrile butadiène styrène

CA : acétate de cellulose

CAB : acétobutyrate de cellulose

CP : propionate de cellulose

ETFE : éthylène polytétrafluoroéthylène

EVA : éthyl vinylacétate

FC : fibre de carbone

FEP : poly (éthylène-propylène) perfluorés

FV : fibre de verre

HR : hygrométrie relative

ILO : indice limite d'oxygène

LCP : polymère à cristaux liquides

MP : matière plastique

PA : polyamide

PA Ar : polyamide semi-automatique

PAI : polyamide imide

PBT ou PBTP : polytéréphtalate de butylène

PC : polycarbonate

PCTFE : polychlorotrifluoroéthylène

PE : polyéthylène

PE Bd, Ed, 1, E : PE basse densité, haute densité, linéaire, expansé

PEEK : polyétheréthercétone

PEI : polyétherimide

PESU : polyéthersulfone

PET : polyester thermoplastique

PETP : polyéthylène téréphtalate

PFA : perfluoro-alkoxy

PMMA ou PMA : polyméthacrylate de méthyl

POM : polyacétal ou polyoxyméthylène

PP : polypropylène

PPO : polyphénylène oxyde

PPS : polysulfure de phénylène

PS : polystyrène

PSE : polystyrène expansé

PSU : polysulfone

PTFE : polytétrafluoroéthylène

PTMT : voir PBTP

PVC : polychlorure de vinyle

PVCC : polychlorure de vinyle surchloré

PVCE : polychlorure de vinyle expansé

PVDC : polychlorure de vinylidène

PVDF : polyfluorure de vinylidène

SAS : polystyrène acrylonitrile

SB : polystyrène choc

TFC : température de fléchissement sous charge

Tg : température de transition vitreuse

TRC : température de résistance continue

US : ultrasons

UV : ultraviolet

TP : thermoplastique

TV : température de transition vitreuse

Cet ouvrage a été réalisé
sous la direction de Jacques Claude.

Couverture : Studio Arcan
Schémas : Philip Riou
Réalisation : Michel Redon Conseil

Photographies : Daynez atelier (p. 9) ; Gamma (p. 8) ; General Electric Plastics France (p. 62) ;
J. Kobel (p. 27, 48) ; Pitch/C. Azéma (p. 14) ; Société Française Hoechst (p. 11) ;
Vetrotex International (p. 41) ; Rhône-Poulenc (p. 11, 30, 35, 38, 44, 50, 60, 62, 63).

Numéro de catalogue : 288 445
Dépôt légal : 2e semestre 1990
Imprimé en Espagne

Éditions Nathan Communication
9, rue Méchain
75014 Paris
Tél. : (1) 45.87.50.00